テーマ選定の基本と応用

山田佳明 編著
須加尾政一　松田曉子 著

日科技連

は じ め に

　これからQCやQCサークル活動を学ぼうとされる方に，わかりやすく解説し理解していただくことを目的に，「はじめて学ぶシリーズ」を発刊して，本書は第6弾となります．そして，本書においても，シリーズとしてのねらいは変わりませんが，既刊が，ある全体（たとえば，QCストーリー全体）を取り上げているのに対し，本書では，QCストーリーの1つのステップのみを取り上げているのが特徴です．

　今回取り上げた「テーマ選定」は，それだけ重要であり，また悩みが多く，困っている現実が以前から存在しているため，少しでも効率的で効果的なテーマ選定ができる参考になれば，と取り上げました．

　「テーマは改善活動の顔」とも呼ばれるように，その後の改善活動を円滑に進められるか，また，期待どおりの成果が得られるか，「テーマ」は，そのキーを握っているといえます．特に，小集団改善活動の代表であるQCサークル活動では，その継続性から改善活動ごとにテーマを選定する必要があるため，その時々の状況に合った適切なテーマを選ぶ難しさがあります．

　本書では，改善活動を行ううえで必要な基礎知識とともに，「テーマ選定」の基本，そして，活動者（QCサークル）の状況から，基本を応用することで，より効率的にテーマ選定を行う提案をしていますので，参考にされ，効率的・効果的な改善活動に役立てていただくことを願っています．

　また，本シリーズを継続して出版する機会を与えていただきました，㈱日科技連出版社の田中　健社長をはじめ，貴重な助言をいただきました戸羽節文取締役，石田　新氏に深く感謝申し上げます．

2016年5月

山　田　佳　明

本書の読み方

- 本書で学んでいただきたい主な読者は，これからQCサークル活動（小集団改善活動）に主体的に取り組もうとされる方です．そして，すでにQCサークルリーダーやメンバーとして改善活動に参加しているが，もっとテーマ解決に自信をつけたい，という方々です．
- 本書の構成は，第1章から第3章までは，改善活動を行ううえで必要な知識を再確認する意味で述べています．ぜひひと通り読んでいただき，次の第4章のテーマ選定の基本，そして応用の第5章へ進んでください．第6章の問題・課題発見のチェックリストおよび付録のテーマ一覧は，テーマ選定時に行き詰まったとき，悩んだときに活用ください．
- QCサークルが置かれているそのときどきの状況下で，この手順でテーマ選定すれば，常にベストなテーマが選定できる，といったものはありません．テーマ選定の基本をベースに，サークルを取り巻く環境をよく認識し，そのうえで，今にふさわしいテーマ選定に本書をご活用ください．
- 本書では，QCストーリーの一部である「テーマ選定」の解説を主眼においており，QCそのものの考え方やQC手法，さらにはQCサークル活動について詳しくは述べておりません．下記の「はじめて学ぶシリーズ」を併せてお読みいただくと，より理解を深めていただけます．

既刊の「はじめて学ぶシリーズ」
1. 『「はじめて学ぶシリーズ」QCの基本と活用』
2. 『「はじめて学ぶシリーズ」QC手法の基本と活用』
3. 『「はじめて学ぶシリーズ」新QC七つ道具の基本と活用』
4. 『「はじめて学ぶシリーズ」QCサークル活動の基本と進め方』
5. 『「はじめて学ぶシリーズ」QCストーリーの基本と活用』

はじめて学ぶシリーズ **テーマ選定の基本と応用** 目次

はじめに／iii
本書の読み方／iv

第1章　改善活動と活動テーマ ——————————— 1
　1-1　改善の意味と意義 ………………………………………………… 2
　1-2　品質管理と改善 …………………………………………………… 5
　1-3　小集団による改善活動 …………………………………………… 6
　1-4　改善活動とテーマ選定 …………………………………………… 7
　1-5　テーマは改善活動の顔 …………………………………………… 9

第2章　問題・課題とその発見の着眼点 ——————— 11
　2-1　問題・課題とは …………………………………………………… 12
　2-2　問題・課題の洗い出し方 ………………………………………… 14
　2-3　問題・課題発見のコツ …………………………………………… 16
　2-4　問題・課題の切り口 ……………………………………………… 18

第3章　QCストーリーの4つの型 ——————————— 29
　3-1　改善の3つのレベル ……………………………………………… 30
　3-2　広義の問題における問題設定力と問題解決力 ………………… 31
　3-3　改善を進めるうえでの基本骨格 ………………………………… 32
　3-4　改善の型が生まれてきた背景 …………………………………… 33
　3-5　改善の4つの型 …………………………………………………… 34
　3-6　4つのQCストーリー(型)の使い分け ………………………… 43

第4章　テーマ選定の基本 ——————————————— 45
　4-1　テーマ選定を永遠の悩みとしない ……………………………… 46
　4-2　テーマ選定の概要 ………………………………………………… 46
　4-3　手順と実施内容・ポイント ……………………………………… 50
　　　　事前準備 ………………………………………………………… 50
　　　　【手順1】　問題・課題を洗い出す …………………………… 51
　　　　【手順2】　問題・課題を整理し，評価・絞り込む ………… 53

|【手順 3】 事実により確認する(テーマ選定理由のまとめ) ……… 60
|【手順 4】 テーマ名をつける ………………………………………… 62
|【手順 5】 QC ストーリーの型を決める …………………………… 63
4-4 テーマ選定における上司(支援者)の役割 ………………………… 65
4-5 テーマ選定でのチェックリスト …………………………………… 68

第5章　さまざまな視点による問題・課題発見の実際 ——— 71

5-1 パターン1:テーマ選定の基本を忠実に実施する ……………… 73
5-2 パターン2:日ごろから問題・課題(テーマ候補)を蓄積する ……… 80
5-3 パターン3:上位方針を掘り下げてテーマ選定する ………………… 86
5-4 パターン4:職場の徹底調査から問題・課題を洗い出す ………… 92
5-5 パターン5:顧客や後工程のニーズと職場のミッションを整理し、
　　　　　テーマ選定する ……………………………………………… 96
5-6 パターン6:将来を見据えてリスクを軽減するテーマを選定する‥ 100

第6章　問題・課題発見のためのチェックリスト ——— 103

6-1 職場の6大任務(QCDSME)でチェックする ………………… 104
6-2 職場の5M+1Iでチェックする ………………………………… 106
6-3 「3ム」でチェックする …………………………………………… 108
6-4 実際のQCサークルのテーマ例 ………………………………… 109

付録　『QCサークル』誌掲載事例のテーマ一覧表 …………………… 115
参考・引用文献 …………………………………………………………… 133
索　　引 …………………………………………………………………… 134

第1章

改善活動と活動テーマ

　第1章では，本書の主題である「テーマ選定」の位置づけや重要性について述べています．

　改善活動そのものの行方，そして成果に大きく影響する「テーマ」そのものについて再認識いただき，次章から紹介する「テーマ選定」の基礎知識と，さらに具体的な「テーマ選定の基本」を学んでいただく出発点としてください．

1-1　改善の意味と意義

"KAIZEN"（＝改善）という言葉は，今や万国共通のキーワードとなっており，日本が培ってきたものづくりの象徴ともいえます．そして現在では，ものづくりの世界に限らず，販売・サービスなどあらゆる分野においても適用されています．また，"改善なくして進歩なし"との表現もよく用いられます．それだけ，"KAIZEN"（以降は改善の表現を用いる）という行為が，私たちのさまざまな営みに不可欠なことを表しているといえます．

改善という言葉には，どのような意味があるのでしょう．
- 改善：「悪いところを改めてよくすること」（広辞苑）
- 改善／継続的改善：「製品・サービス，プロセス，システムなどについて，目標を現状より高い水準に設定して，問題又は課題を特定し，問題解決又は課題達成を繰り返し行う活動」（日本品質管理学会「JSQC-Std 00-001：2011　品質管理用語」）

という意味があります．

つまり，改善には大きく2つの意味が含まれているといえます．一つは，何らかの悪さの影響により現状を維持できなくなり，悪さを引き起こしている原因を特定し，取り去ることで現状を回復したり，やりやすい現状を構築する行為（仮に改善①とします），もう一つは，顧客の要求や経営面のニーズを踏まえ，現状の目標をより高いレベルに引き上げ，目標を達成する行為（仮に改善②とします）です．

これらから，仕事を次の3つに分けることができます．

(1)　標準類を守って目標を達成していく：「現状維持の活動」

私たちの日々の仕事の多くは，期待される目標や仕事の進め方が標準書で定

図 1.1　SDCA のサイクル

められています．このステップを「Standardize」(標準を作る)ともいい，この標準どおりに仕事を実施(Do)します．そして，仕事の結果を確認し(Check)，特に問題がなければ同様に仕事を継続します．このような仕事は現状維持の活動となります．標準類をベースに日々の仕事を進めていくので，S(Standardize)，D(Do)，C(Check)，A(Act)のサイクルを回すことから，SDCA のサイクルを確実に回して現状を維持する，と表しています(図 1.1 参照)．

(2)　悪いところを改めて善くする：「改善①の活動」

　現状維持の活動において，常に問題なく遂行できればよいのですが，Check の結果が目標を達成できていない，標準どおり実施できない，などの問題が生じ，SDCA のサイクルを回せなくなることがあります．当然ながら，その問題を発生させている原因を見つけて取り除き，現状に復帰させる行為が必要となります(図 1.2 参照)．

　現状維持の活動過程において問題が生じたため，問題を発生させた悪いところを「改めて善くする」行為が改善そのもので，このケースの改善を「改善①の活動」とします．発生した問題を解決するための進め方は，次に述べる PDCA のサイクルを活用します．

　なお，現状維持の活動の中で，仕事のやりにくさを改めたり，効率化をはかるなどの改善も，「改善①の活動」に含むようにすることで，維持の活動で

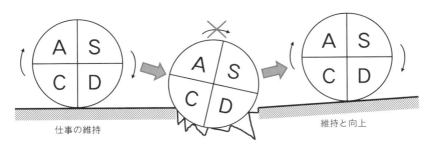

図 1.2　現状復帰のための改善

あっても維持と向上を併せもった活動にすることができます.

(3)　より高い目標に対し，現状のやり方を改め目標を達成する: 「改善②の活動」

　現状を維持していく仕事だけでは進歩がありません．そこで，現状の目標レベルを数段アップした高い目標を設け，仕事のやり方そのものを根本的に見直し，新たな目標を達成する行為が必要です．このケースの改善を「改善②の活動」とします．革新という呼び方もされますが，現状維持に必要な「改善①の活動」と「改善②の活動」は，いわば車の両輪のようにコラボレーションして取り組む必要があります．

　改善②を行うにあたっては，新たな目標設定と計画の策定が必要になりますので，維持活動のSDCAのサイクルではなく，PDCAのサイクルを回して目標を達成します．SDCAの「S」が「P」に替わります．「P」は「Plan」(計画作り)で，その後のサイクルは同じです．この「改善②の活動」で目標を達成した後は，SDCAのサイクルに移行し，日常の維持活動となります(図1.3参照).

　以上のように，私たちが仕事を進めていくうえで，仕事には，現状を維持する活動，維持していくうえで問題解決や向上する活動，そしてより高い目標を掲げて現状のやり方を改め，目標を達成する活動という，3つの仕事が存在す

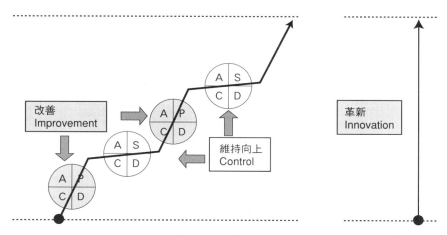

図 1.3　維持向上，改善および革新の関係
出典：日本品質管理学会「JSQC-Std 00-001：2011　品質管理用語」，p.10.

ることを述べました．これらの3つの仕事をすることを「管理」といい，いずれの場合にも「改善」という行為が必要になります．

本書の主題である「テーマ」は，この改善の対象であることから，仕事と改善の位置づけをまずご理解ください．

1-2　品質管理と改善

多くの企業・組織で導入・実施されている品質管理は，「顧客・社会のニーズを満たす，製品・サービスの品質／質を効果的かつ効率的に達成する活動」（日本品質管理学会「JSQC-Std 00-001：2011　品質管理用語」）を目的に置いています．そのためには，プロセスやシステムの維持向上，改善および革新を全部門・全員参加で行う必要があります．

私たちが普段の業務を遂行するうえで，それが"顧客・社会のニーズを満た

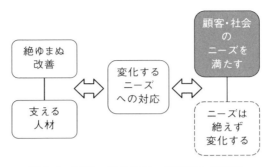

図 1.4　顧客・社会のニーズ変化への対応

す"ことに繋がっていないと，品質管理の目的にそぐわなくなってしまいます．そうならないためには，改善や革新が必要となりますが，なぜ改善や改革が必要なのでしょう．現状を維持しているだけでは進歩がないから，ということだけでなく，忘れてならないのは，「顧客や社会のニーズは，絶えず変化する」ことです．顧客や社会のニーズの変化に対応するために，改善や革新が不可欠なことを表しています．このことを忘れずに，維持向上，改善・革新に取り組むことが大切です（図 1.4 参照）．

1-3　小集団による改善活動

　改善の行為を，いつ，だれが，どのような方法で，といったルールは特にはなく，必要なときに，必要性を感じた方（担当者や関係者）が，解決できる方法で行えばよいといえます．実際に，日常の職場内では，解決すべき多種多様な問題が発生しています．すぐに決断して対応できるもの，経験から解決できるもの，そして，中には原因がわからずに時間をかけて解決しなくてはいけないものなど，いろいろな問題があり，解決の方法もいろいろです．

　問題や不具合の発生原因がわからないものについては，ある程度時間をかけ

ながらも,効率的・効果的な解決が求められます.一般的に用いられているアプローチとして,QCストーリーに沿った解決方法があります.そして,積極的に改善の行為に向き合うことを,改善活動といいます.

この改善活動は,企業や組織のすべての部門や階層で実践する必要があります.実際の取組み方は,大きく個人と小集団に分かれますが,多くの場合は小集団による改善活動です.たとえば,プロジェクトチームやタスクチーム,そしてQCサークル活動などがあげられます.それだけ小集団で改善活動に取り組むよさや成果が大きいといえます.「三人寄れば文殊の知恵」が小集団による取組みの素晴らしさを物語っています.

本書では,改善活動に取り組む際,取り組むべきテーマをどう見つけるかについて解説しますが,その主な活動の対象は,小集団による改善活動に置いています.中でも,職場の仲間で小集団を編成し,継続して改善活動に取り組むQCサークル活動におけるテーマ選定を中心にしています.したがって,「小集団」の表記は「QCサークル活動」としますが,その他の小集団による改善活動にも適用いただくことを願っています.

1-4 改善活動とテーマ選定

小集団で改善活動に取り組む場合,大きく下記の2つのケースに分かれます.

① 取り組む問題・課題がすでに明確になっており,その解決のためにふさわしいメンバーがその都度集められて取り組むケース
　…プロジェクトチームやタスクチームなど
② メンバーが同じ職場内でほぼ固定され,継続して改善活動に取り組むケース
　…QCサークルなど

上記の2つのケースで大きく異なる点は，前者のプロジェクトチームやタスクチームでは，すでに取り組むテーマが決まっており，一方のQCサークルでは，取り組むテーマは決まっていない，という点です(表1.1参照).

　したがって，QCサークル活動では，改善活動に取り組む度にテーマ選定が必要となります．それだけに，その時々にふさわしいテーマをどう選定すればいいのか，そのための知識やテクニックが必要となります．

　では，QCサークル活動で，どのようなテーマを選定すればよいのか，その条件は次の5つといえます．

　望ましいテーマの条件：
① 自分達の仕事上で，必要性の高いテーマ
② できるだけメンバーに共通したテーマ
③ 部・課の方針・目標に関連があるテーマ
④ みんなが努力して解決できるテーマ
⑤ QCサークルと個人のレベルアップがはかれるテーマ

　このようなテーマを選定していただくため，本書からテーマ選定に必要な知識とテクニックを学んでいただき，活用してください．

表1.1　プロジェクトチームとQCサークルの主な相違点

項　目	プロジェクトチーム	QCサークル
活動テーマ	すでに決まっている	活動ごとに選定
メンバー	そのテーマ解決にふさわしい人で構成	同じ職場内での仲間で編成し，固定
活動期間	決まっている	目安はあるが，決まっていない

1-5 テーマは改善活動の顔

　改善の対象となるテーマは，いわば改善活動の顔となります．次のようなテーマに関しての体験はありませんでしたか．
- テーマがあいまいなために，改善活動もあいまいになってしまった
- テーマが絞り込めていなかったので，改善活動が広がり過ぎて行き詰ってしまった
- テーマをメンバーと共有できていなかったので，限られたメンバーでの改善活動になってしまった
- テーマそのものを見つけるのに苦労し，いつも同じような簡単なテーマになってしまい，達成感も少なく，評価も低い

　上記のように，せっかくの改善活動が台なしになりかねない，まさに「テーマは改善活動の顔」といえます．

　第2章から，テーマ選定における基本知識から応用まで解説していきますが，本書の主な改善活動の対象である小集団による改善活動を代表するQCサークル活動の特徴を加味しています．つまり，問題を解決する，課題を達成するだけに重点を置いたテーマ選定の仕方ではなく，QCサークル活動そのものの目的である「QCサークル活動の基本理念」の実現をめざしたテーマ選定に重きを置いています．より望ましいテーマ，そのための選定の仕方，そして活動の実践で，QCサークル活動の基本理念を一歩ずつ実現していってください．

QCサークル活動の基本理念
- 人間の能力を発揮し，無限の可能性を引き出す
- 人間性を尊重して，生きがいのある明るい職場を作る
- 企業の体質改善・発展に寄与する

第2章

問題・課題とその発見の着眼点

　改善活動を実施するにあたっては，改善すべき対象を決めるために，まず，テーマを選定しなければなりません．
　そこで本章では，テーマを選定する際に必要な問題や課題について解説していきます．

2-1 問題・課題とは

　日常生活の中では，「問題」と「課題」とはほぼ同義で用いられています．たとえば，「机の上が乱雑であるという問題」や，「帰宅時には机の上には何も置かれていないようにする課題」のように使われています．しかし，品質管理の世界では，この2つの言葉はあえて区別しています．

　では，なぜこれらを区別しているのでしょうか？　これは，従来からの問題解決型の改善手順に加え，課題達成型という新たな改善手順が加わったことによります．また，改善の対象範囲が製造部門から事務・販売・サービス部門，さらには開発部門にまで広がる中で，現時点では問題ないけれども，将来に向けて改善を実施しておきたい，という改善対象の拡大にも起因しています．

(1) 問題とは

　今の実態(現状の姿)と定められている今の目標(あるべき姿)とのギャップのことを「問題」といいます．ポイントは，目標がすでに存在しており，今の実態(現状の姿)が目標を達成できていない，すなわち実態があるべき姿を達成していないという点です(図2.1 参照)．

(2) 課題とは

　今の実態(現状の姿)とこれから新たに定める目標(ありたい姿)とのギャップのことを「課題」といいます．ポイントは，これから新たに設定する目標(ありたい姿)が既存の目標(あるべき姿)よりも高めで厳しい目標である点です(図2.1 参照)．

　改善活動のことを問題解決活動と呼ぶこともあります．また，「問題解決力の強化」や「問題解決能力の向上」というフレーズもよく耳にします．このようなときに，図2.1 に示された「問題」だけを対象にしているのかというと，

第2章 問題・課題とその発見の着眼点

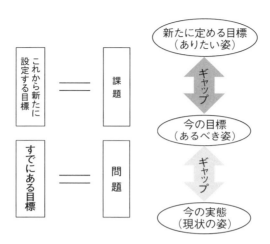

図 2.1 問題と課題の違い

決してそのようなことはありません．将来を見据えて早めに手を打っておかなければならない「課題」や，お客様のための新たなサービスを構築するなどの「課題」も含まれます．どうやら「問題」には，「広義の問題」と「狭義の問題」があるようです(図 2.2 参照)．

　改善活動を意味している問題解決活動や，改善力を意味する問題解決力，問題解決能力での「問題」は「広義の問題」ととらえると理解しやすくなります．

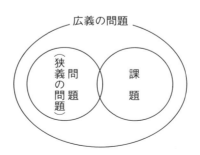

図 2.2 広義の問題，狭義の問題，課題との関係

2-2　問題・課題の洗い出し方

まず，具体的な問題や課題の洗い出し方を見ていきます．

(1)　普段から感じていることを書き出す

仕事をしている最中や，テレビを観ているとき，散歩の途中などにおいて，ちょっとした問題や経営に関わる大きな問題・課題など，気づいたり感じたりしたら，書き出すようにします．書き出しておかないと，いつの間にか忘れてしまうことがあるからです．書き出した問題・課題をデータ化する方法をいくつか紹介します(図2.3参照)．

① 問題提起シートに書き出す
② 工程マップに書き出す
③ サークルの問題・課題ノートに書き出す
④ 見える化ボードに書き出す

これらの問題・課題のデータは，会合時に皆で話し合い，テーマ選定する際のネタとします．テーマ選定の仕方については，第4章4.2節を参照してください．

(2)　仕組み活用による問題・課題の気づき

1)　基準・規格との比較(見える化の活用)

職場で管理すべき重要な指標や特性を見える化ボードなどを用いて見える化している職場やサークルだけにとどまらず，基準・規格を記載した管理グラフやヒストグラムを作成すると効果的です．常に基準や規格に対して，どのような状況であるかがわかり，問題に早く気づくことができます．

規格値は示されていませんが，管理図を活用するのも非常によい方法です．工程が安定状態であるかどうかを，管理図のプロットが教えてくれます．

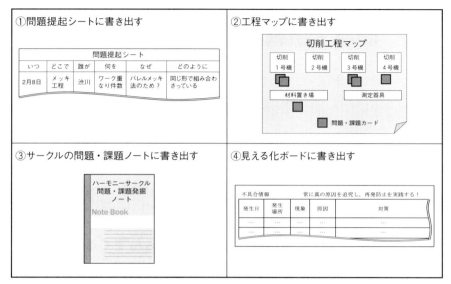

図 2.3　問題・課題のデータ化の方法

2) 5S の活用

5S 活動や見える化活動を行っている際に，さまざまな気づきがあります．ある物を目の前にして，興味をもちながら一所懸命に整理や清掃などの作業をしていると，よいことや問題点に気づくことができます．この気づきを書き出しておきます．

3) 方針管理や中期計画の活用

上位方針や会社・部署の中期計画と自サークルとの関係を考え・検討することにより，自分たちの問題点，今から考慮しておかなければならないことや手を打っておかなければならないことが見えてきます．たとえ大きな問題・課題であっても，その内容をブレークダウンし，自分たちの問題・課題ととらえれば，ターゲットは絞られてきます．できれば，自分たちの職場やサークルでのこれまでの実績と照らし合わせながら検討します．

2-3 問題・課題発見のコツ

　日常の業務遂行中に「なぜ同じ数字を何度も入力しなければならないの？」と感じる人もいれば，何も感じない人もいます．将来計画の数字を見ていて，「現状レベルでは対応できない」と将来に対しての課題が明確になったと感じる人もいれば，「生産量が急増するから忙しくなるぞ．どうするのだろう」と他人事のように受け止める人もいます．このように同じ情報や事象を見ていても，人によって感じ方が大きく異なります．そこで，問題・課題を発見するためのコツを紹介します．

(1)　興味を持てば情報が自然に目に飛び込んでくる

　たとえば，ある男性の奥さんが妊娠してお腹が目立つようになってくると，その男性は世の中の妊婦さんが急に増えたように感じます．これは，決して世の中の妊婦さんが増えたわけではなく，自分自身の関心事が自然に目に飛び込んでくるからなのです．関心がないときは素通りしていた情報が，関心というフィルターにより鮮明に浮き彫りにされて目に入ってくるのです．
　では，この関心を醸成するにはどうしたらよいのでしょうか？　それは，興味をもつことです．興味をもつと，その周辺の情報が知らず知らずのうちに入ってきます．実例をあげてみましょう．
　アニメの『名探偵コナン』が好きな子供の話です．日本人なのになぜ「コナン」という名前なのか疑問を抱き，調べてみると，アーサー・コナン・ドイルという作家が『シャーロック・ホームズ』シリーズの著者であることがわかりました．さっそくお母さんに話したところ，『シャーロック・ホームズ』シリーズは推理小説の代表作であると教えてくれました．本を買って読んでみると，ホームズの抜群の観察力に驚きました．また，推理していく様子も面白く，たちまち推理小説のファンになったのです．そして，同じように有名な推

理作家であるアガサ・クリスティや江戸川乱歩の作品なども読むようになりました．さらに，日本を代表する推理作家である乱歩の名字が"江戸川"であることから，アーサー・コナン・ドイルと合わせて"江戸川コナン"という名前にしたのだろう，と推測できました．

このように，たった1つの興味からそれら全体に関心が広がるようになるのです．

(2) 気づきの感性を高める

自分の行いは棚にあげて，他人に対してはちょっとしたミスでも怒るAさんという人がいます．また，Aさんはどちらかというと他人を褒めることが少ないようです．このような普段の何気ない観察からも，いろいろな問題が見えてきます．Aさんの問題点は，下記のようになります．これが"気づき"なのです．

- 自分がミスを犯しても平然としている
- 他人が犯したミスに対しては怒る
- 他人を褒めない

会社での仕事中や，通勤途中，テレビでドラマを観ているときにでもこのような気づきを鍛えることができます．何でもよいので焦点を絞り，興味をもってみてください．その興味に対して，何気ない普段どおりのこと，逆に普段とは少しだけ違うこと，大きく異なることなどを意識して考えてみると，気づきにつながります．

(3) 気づきを書き出す・意見交換する

興味をもった対象に対して，いくつか気づきが生まれてきました．しかし，この時点では「気づき」の内容が明確になっていないかもしれません．気づいた内容を書き出してあれば，それを何度も読み返すことによって明確になってきます．

また，気づきを書き出していない人はどうしたらよいのでしょうか？ それは，他人と話してみるのです．興味をもった対象について，感じたことや気になっていること，気づいたことを話して意見を交換してみてください．そうすると，いつの間にか頭の中が整理され，問題・課題がはっきりと見えてきます．

(4) ばらつきに着目する

みんなで同じスパゲッティ・ボンゴレを注文したにもかかわらず，配膳されたスパゲッティに入っているあさりの数がまったく違っていたらどのように感じるでしょう．たとえば，Aさんには10個のあさり，Bさんには6個のあさりが入っていたとすると，あさりの数が少ないBさんは，なんだか損した気分になるでしょう．これは，料理人が盛り付けをする際にばらつきが生じていたにも関わらず，調整をしなかったからです．盛り付けた後に，バランスを取るひと手間を加えればこのような問題は起きません．

このように，いつもと違う，他と違うなどのちょっとした違いであるばらつきから，問題点を見つけることができます．

2-4　問題・課題の切り口

「広義の問題」について，先人たちの研究によりいろいろな切り口が紹介されています．まず，広義の問題を層別する観点からのまとめを表2.1に示します．以下，それぞれの切り口について解説していきます．

(1) 問題の3つのタイプ

問題は，3つのタイプに分けて考えることができます．「ゼロ問題」，「低減問題」，「増加問題」の3つです（図2.4参照）．まずは，2つのモデルを用いて見ていきましょう．

第2章 問題・課題とその発見の着眼点

表2.1 広義の問題を層別する観点

切り口	説明	分け方
問題のタイプ	問題は3つのタイプに分けることができるが、実際にはミックスされていることに注意すること	・ゼロ問題 ・低減問題 ・増加問題
問題の形	問題がどのように存在しているのか	・顕在 ・潜在
問題の発生元	問題がどのようなところで発生しているのか	・職場の6大任務（QCDSME） ・4M
対象	問題の発生形態	・突発 ・慢性
	課題の対処領域	・現状打破 ・魅力的品質の創造 ・予測される課題への対処

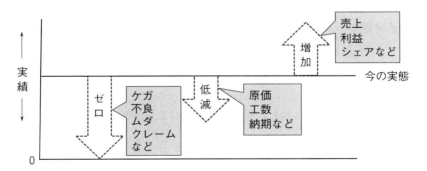

図2.4 問題の3つのタイプ

ある製品を生産するためのコストで考えてみます．

$$実績コスト＝必要コスト＋ムダ（ロス）$$

実績コストを下げるには，「必要コスト」を下げるか，「ムダ（ロス）」を下げるかになります．ところが，この2つの方法は，攻撃の仕方がまったく異なります．ムダ（ロス）は究極的にはゼロにすべき問題です．一方の必要コストはゼロにすることができない問題です．前者を「ゼロ問題」，後者を「低減問題」と呼びます．

次に，利益の問題を考えてみます．

$$実績利益＝計画利益＋差異（未達成）$$

「計画利益」を増やす問題と「差異（未達成）」をなくす問題は，まったく異質のものです．前者を「増加問題」，後者を「ゼロ問題」と呼びます．

以上のように，問題には3つのタイプがあり，現実にはこれらがミックスされていることに注意する必要があります．

1） ゼロ問題

何も発生しないことが好ましいこと，たとえば業務上のケガや事故，不良，クレームのように，ゼロ化が好ましいときの対象を問題とすることを「ゼロ問題」といいます．

2） 低減問題

原価，工数，納期などのように，ゼロにはできないが少なければ少ないほどよい対象を問題とすることを「低減問題」といいます．

3） 増加問題

売上や利益のように，多ければ多いほどよい対象を問題とすることを「増加問題」といいます．

QCサークルでは，「ゼロ問題」または「低減問題」に取り組むことをお薦めします．「増加問題」は，QCサークル活動だけで解決するのは難しいからです．

(2) 問題の形

問題がどういう形で存在しているかを考えてみましょう．

1) 顕在した問題と潜在する問題

① 顕在した問題
- 表面に現われている問題
- 現実に悪さが起こっている問題

② 潜在する問題
- 隠れている問題(慢性問題で，皆が当たり前ととらえている修正や手直し問題など)
- 近い将来に，問題が発生しそうな問題(世の中の趨勢やトレンドから，生産量が飛躍的に伸びる可能性があるときの生産性の問題など)

2) 潜在問題・課題をどのようにして顕在化するか

一般的には顕在した問題を取り上げることが多く，潜在する問題に着目することは難しいです(図 2.5 参照)．この潜在する問題を顕在化することができれば，宝の山に遭遇することができるかもしれません．以下に潜在問題を顕在化する方法を示します(表 2.2 参照)．

① 5S の活用

普段あまり見ない所までもしっかりと 5S(整理・整頓・清掃・清潔・躾)を

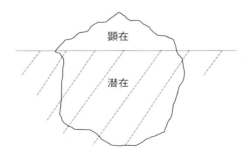

図 2.5　顕在と潜在

表 2.2　潜在問題・課題を顕在化する方法

	5S	見える化	ムダ取り
仕組みの活用	整理 整頓 清掃 清潔 躾	方針管理 業務内容 目標とのギャップ 将来の予測 異常事象のシグナル化 ムダ	不良をつくるムダ 動作のムダ 運搬のムダ 加工／仕事そのもののムダ つくり過ぎのムダ 手待ちのムダ 在庫のムダ
気づきの感性を養う	興味をもつ ➡ 関心が芽生える ➡ 気づき このベースを身につけ，仕組みをうまく活用することで潜在問題・課題が顕在化されてくる		

実施することにより，問題点が顕在化されてきます．何か問題点や不具合はないかという意識をもちながら，徹底した整理・整頓・清掃を進めましょう．

② 「見える化」の活用

重点管理項目を見える化することにより，これまで問題視されていなかった潜在問題が表面に現れてきます．なぜならば，基準や標準との対比を見える化することにより，自然に重点管理項目の問題点に気づくことができるからです．生データを単に貼り出して見える化しました，では不十分です．グラフ，管理図，ヒストグラムを活用することにより，真の見える化につなげましょう．ここで大切なことは，重点管理項目をどのように設定するかです．次節で解説する QCDSME の管理項目のみでなく，これらを構成している結果系の特性までブレークダウンして見える化することが大切です．

③　現在の目標値・実績と将来の予測を同時に示す

管理グラフなどに将来の予測値を追記することによって，今のうちに手を打っておかなければならない問題が見えてくることがあります．

④ ムダ取りの視点の活用

不良をつくるムダ，動作のムダ，運搬のムダ，加工／仕事そのもののムダ，つくり過ぎのムダ，手待ちのムダ，在庫のムダを削減するという視点で活動すると問題を顕在化することができます．ターゲットを絞って(例えば，動作のムダに特化してなど)，どこにムダがあるかを考えていくと，それまで隠れていた，気がつかなかったムダが見えてきます．

⑤ 気づきの感性を養う

これまでも問題であったにも関わらず，慢性問題だからということで，当たり前になっていたりしませんか．いつもと違った気持ちで接することによって気づいたり，もしくは第三者にデータを見てもらうことで，これまで潜在していた問題が顕在化されることもあります．新鮮な目で見ると，問題や課題が見えやすいものです．

(3) 問題の発生元

問題がどのような所で発生しているのかを知ることにより，問題の洗い出しが容易になります．そこで，問題の発生元という観点で理解しておくと，テーマ選定の際に役に立ちます．

1) 職場の6大任務(QCDSME)

私たちには，職場の仕事を遂行する際に考慮しなければならない「職場の6大任務」があります(図2.6参照)．QCDSMEの維持・向上を図ろうというものです．逆にいうと，この6つの視点においてさまざまな問題や不具合が発生しています．したがって，この6つの視点は，問題の発生元ともとらえることができますので，これらから問題を洗い出すのは非常に有効です．

2) 4Mと4Mによって影響を受ける特性

まず，要因と原因との使い分けについて説明します．結果に影響を及ぼす可能性のあるものを「要因」と呼び，その中で因果関係が明確になったものを「原因」といいます．要因となりうるものを一括りにしたものを「要因系」と

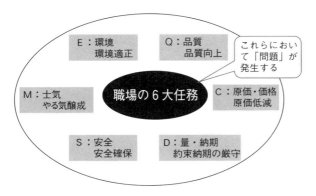

図 2.6　職場の 6 大任務

いいます．プロセスを実施したことにより得られる結果を一括りにしたものを「結果系」といいます．結果を表すものは品質用語で「特性」といいます．4 つの M から始まる Man（人），Machine（設備），Material（材料），Method（方法）のことを"4 M"といい，要因系で層別するときには広く活用されています．その理由は，これらの変動によって（たとえば作業者が変わったなど），結果系に影響を与える可能性が高いからです．

ところが，要因系中心で物事を考えると，手段を追い求めることになりがちです．できる限り結果系で表現できる問題を洗い出すようにするとよいです．そのために，問題の発生元である 4 M の変動によって影響を受ける結果系の特性を考えるようにしましょう（図 2.7 参照）．

3）　責任個所

問題そのものがどこの責任に起因するのか，という観点で考える方法があります．これは，大きく分けて自責（自職場，自部門），他責（他職場，他社など），環境（時代のトレンド，世界情勢，国家間の関係など）の 3 つがあります．QC サークル活動で改善に取り組む場合には，まずは自責の問題から取り組むとよいです．なぜなら，自責の問題は自分たちが発生させている問題であるため，自分たちの力で解決することができる一方で，他責の問題は，自分たちだ

第2章 問題・課題とその発見の着眼点

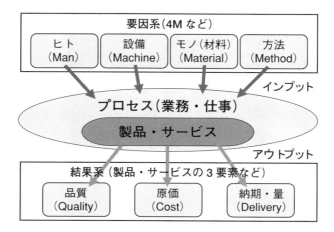

図 2.7　代表的な要因系と結果系との関連

けでは解決することができず，他力任せになってしまうからです．サークルに問題解決能力が備わり，力がついてきたら，他責の問題を協働して解決するのも有効です．いずれにしても，問題の発生元を明確にし，改善に取り組む姿勢や責任の所在を明らかにしておくことが必要です．

4) その他の切り口

問題の発生元のその他の切り口として，Measurement（計測），Management（管理），Time（時間）などもあります．

(4) 問題・課題の発生形態

1) 問題の発生形態

ここでの「問題」は，「狭義の問題」(2.1 節参照) を対象とします．問題がどのように発生しているのかという「問題の発生形態」は，以下に示す2つに分けることができます（図 2.8 参照）．

① 突発的な問題…異常処置・現状維持の問題
② 慢性的な問題…レベル向上・現状打破の問題

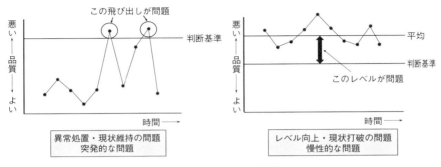

図 2.8 問題の発生形態

　通常のよい状態であれば，プロセスのアウトプットは満足できます．ですから，①の突発的な問題は突発的に飛び出した状態を通常の状態に戻せばよいので，異常処置・現状維持の問題となります．改善の取り組み方としては，なぜ判断規準から飛び出したのか，そのときの仕事のやり方や条件など，通常と異なっている点はないかを分析・解析していくことになります．すなわち，「何が変わったのか」というアプローチとなります．

　②の「慢性的な問題」は，現在の姿が満足できるレベルではなく，望ましい状態にまで引き上げる必要がある現状打破の問題となります．改善の取り組み方としては，現在の仕事のやり方をどう変えていくか，ということになります．すなわち，「何を変えようか」というアプローチとなります．

2) 課題の対処領域

　課題はどのような分野で見出されるのかという「課題の対処領域」は3つに分けることができます．

　また，これらを従来の問題解決型QCストーリーと比較しながら図示すると図2.9のようになります．

　① 現状打破…既存分野における大幅な変革

　既存システムAによるQCDSMEなどのレベルを著しくよくするために，既存システムAを捨てるか，一部分をまったく新しい方式で代替することによ

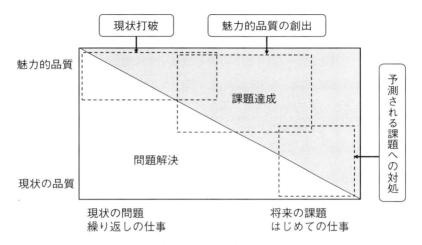

図 2.9 問題解決と課題達成型の対処領域

り，システム B に変革することを現状打破といいます．

　問題解決では，現状把握のためデータを収集し分析した後，要因解析において原因を追究し，真の原因に対して対策を検討・実施する手順となっています．これに対して，課題達成では，レベルの大幅向上をはかるため，既存のシステムではなく新たなシステムを構築するか，その一部の方式を変えることになるので，第 3 章で後述する問題解決型 QC ストーリーとは異なった手順となります．

　② 魅力的品質の創出…満足を超えて感動を与える品質

　かつての自動車のクラッチは，マニュアルで切り替えるのが当たり前でした．オートマチック機能が出現したときは，多くのユーザーが感動をもって受け入れました．そして，今や当たり前となっています．ナビゲーションシステムの出現も同様です．

　このように，実現されれば素晴らしい，夢のような世界が現実となったときに，満足を超えて感動を覚えます．このような感動を与える品質のパターンの

ことを魅力的品質といいます．この魅力的品質を創造するテーマは，取り組むべき課題の一つとなります．

　③　予測される課題への対処…将来を見越しての事前対処

　予測される課題とは，将来の動向を予測して今から手を打っておかなければならないことや，ねらいの事業，製品，サービス，プロセス，市場または技術などが，自社または自部門でまったく取り扱ったことがない新しい分野へ乗り出さなければならない仕事のことをいいます．このような予測される課題に対処するためには，まったく新しいシステムやプロセスを開拓し構築する必要があります．すなわち，既存システムの知識や経験だけでは不十分であり，未経験技術も採用しながら新しいシステムを構築し，推進していくことが必要となります．

　このように，課題達成で取り組むべきテーマは，目標を達成するためにプロセスやシステムを新たなアイデアによって創造することが必要となります．したがって，上司から与えられた課題だから，という理由だけで課題達成で取り組むというのは誤った考え方です．

第3章

QCストーリーの4つの型

　改善活動を実施し，期待どおりの成果を出すためには，やみくもに対策を実施すればよいという訳ではありません．誰もが期待どおりの結果を出せるようにするために，改善を実施していくうえでの手順が提案され，実際に幅広く活用されています．
　本章では，現時点で活用されているQCストーリーの4つの型とそのポイントを解説します．

3-1　改善の3つのレベル

　テーマ選定の目的は，改善に取り組む目的をはっきりさせることです．では，改善の取り組み方にはどのようなやり方があるのでしょうか．一言で"改善"といっても，いろいろなやり方が存在します．ここでは，下記のように改善を3つのレベルに分けて考えます（図3.1参照）．

(1)　即改善（Just Do It）

　問題と気づいた瞬間に，どのように改善すべきかがわかることがあります．たとえば，会議室でパソコンとプロジェクターを用いてプレゼンテーションを行うとき，配線コードがむき出しの状態であり，発表者がコードにつまづきそうになってしまいました．配線コードに引っかかるという問題が目の前で起これば，配線コードをガムテープなどで固定する，コードの上にマットを置くなど対処します．このような処置も，改善そのものです．

　この例のように，問題と気づいた瞬間に対応策がわかり，すぐに対応できる

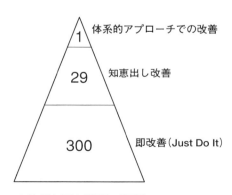

図 3.1　改善の3つのレベル

ものを即改善(Just Do It)といいます．

(2) 知恵出し改善

　問題そのものはわかっているが，うまい対処方法が思いつかないとき，独りで悩まずに何人かで知恵を出し合えば，よい対処方法が生まれてくることがあります．たとえば，共有で使用しているはさみやパンチなどの文房具が出払ってしまって，使いたいときに見当たらないのでどうにかしたい，という問題です．職場の中央付近に共有文具を集めて，その場で作業するように改善するなどで対処できます．個人でもアイデアは出るかもしれませんが，複数人で知恵を出し合うことによって，お互いに有効でかつ守りやすいルールが出されたり，効果があるユニークなアイデアも生まれてくる可能性があります．このようなやり方を知恵出し改善といいます．サークルで取り組む改善提案もこの範疇に含まれます．

(3) 体系的アプローチでの改善

　現状の状況を調査や分析によりしっかりと見極めて，改善の手順に沿って進めるやり方を体系的アプローチでの改善といいます．詳しくは，次節以降で解説していきます．本書では，この"体系的アプローチ"による改善をテーマ選定の対象としています．

3-2　広義の問題における問題設定力と問題解決力

　「改善」を実施するには，3.1節で示したどの改善レベルであっても，「問題設定力」と「問題解決力」が必要です（図3.2参照）．「問題設定力」とは，問題の認識により，解決すべき対象を明確にできる力，すなわち本書の主題である

図 3.2　改善は問題設定と問題解決から成り立っている

「テーマの選定」を実施する力のことであり，第 4 章以降で詳細に解説します．

一方の「問題解決力」とは，設定された問題を解決できる力のこと，すなわちよい方向に変えていく力のことをいいます．本章では，この問題解決力について各型(QC ストーリー)のポイントを主として解説します．

3-3　改善を進めるうえでの基本骨格

どのような改善(問題解決)であっても，避けては通れない基本骨格が存在します．それは，やさしい問題，たとえば問題点に気づいた瞬間にやるべき対策がすぐにわかるもの(即改善など)にも，この基本骨格は存在しているのです．その基本骨格とは，現状の問題点を見極め，対策を打つべきターゲットを明確にし，対策を実施することにより，目標を達成することです(図 3.3 参照)．

ただし，改善すべき問題・課題にはさまざまな種類が存在し，それに対応して改善のアプローチの仕方も提案され，活用されてきています．体系的アプ

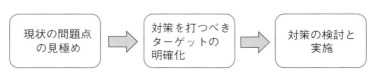

図 3.3　改善の基本骨格

ローチによる改善のやり方のことを「QC ストーリー」や「型」と一般的には呼んでいます．現在は，「問題解決型 QC ストーリー」，「課題達成型 QC ストーリー」，「施策実行型 QC ストーリー」，「未然防止型 QC ストーリー」の 4 つが提案され，広く活用されています．もっとも代表的なものが「問題解決型 QC ストーリー」であり，改善の定石ともいわれています．

3-4 改善の型が生まれてきた背景

(1) コマツの粟津工場で生まれた QC ストーリー

皆さんは「QC ストーリー」という言葉を聞いたことがあるでしょうか．今では，問題解決型 QC ストーリーや課題達成型 QC ストーリーと呼ばれていますが，元々は単に「QC ストーリー」と呼ばれていました．

この「QC ストーリー」という呼び方は，昭和 39 年に株式会社小松製作所の粟津工場で発行された，「QC サークル運営の円滑化をはかるための手引書」(1965 年日経品質管理文献賞受賞)で紹介されたものです．当初 QC ストーリーは発表や報告のまとめのために用いられましたが，QC ストーリーに則ると効率のよい改善活動ができたので，「改善のステップ」として日常活動の中で活用されるようになり，日本中に広く行きわたりました．これが現在の問題解決型 QC ストーリーの骨格となっています．

(2) 課題達成型 QC ストーリーの出現

1985 年に事務・販売・サービス部門への改善活動普及のために，QC サークル関東支部京浜地区において「JHS 部門研究会」が設置されました．その成果を『課題達成型 QC ストーリー』として小冊子で公開し，1993 年に書籍としてまとめられ，『課題達成型 QC ストーリー』(狩野紀昭監修，京浜地区 JHS 研究

会編)が日科技連出版社より出版されました.

その中で,従来のQCストーリーのことを「問題解決型QCストーリー」と呼ぶ案が示され,現在に至っています.

(3) 施策実行型QCストーリーと未然防止型QCストーリーの出現

コニカ株式会社(現在のコニカミノルタ株式会社)日野生産部門において,改善を進めるうえでの問題点から分析・研究を行い,現状把握をしっかり実施することによって対策を打つべき方向性が見えてくる例もあることがわかりました.その研究成果から,施策実行型QCストーリーが生まれ,『すぐわかる問題解決法』(細谷克也編著,日科技連出版社,2000年)で広く紹介されました.このストーリーは製造部門だけでなく,要因解析による原因の追究がしにくい管理間接部門において威力を発揮しています.

また,施策実行型をベースとして対策展開方法に信頼性技法を活用するようにした未然防止型QCストーリーも提案され(『QCサークル』誌の2008年の連載講座「ヒューマンエラーによるトラブル・事故を防ぐ」),さまざまな問題・課題に応じた改善の型を選択できるようになってきました.

3-5 改善の4つの型

(1) 問題解決型QCストーリー

1) 問題解決型QCストーリーの特徴とポイント

問題解決型の特徴は,問題・不具合を引き起こしている原因を明確にし(原因を追究し),明らかになった原因を取り除くための対策を実施することにより,二度と同じ問題・不具合を発生させないようにすることです(図3.4参照).ですから「改善の基本」や「改善の定石」ともいわれています.

第3章 QCストーリーの4つの型

図3.4 問題解決型QCストーリーの基本骨格

この問題解決型で改善を実施していく際のポイントは、以下のようになります。

① 現状の把握

選定されたテーマについて、これまでや現在起きている現象を調査・分析し、攻撃対象(管理特性)に関する悪さ加減、特徴や変化点を正確に把握し、問題点を絞り込むことにより、要因解析すべき特性(結果系)を明確にします。

② 要因の解析

現状の把握で絞り込まれた特性(結果系)を悪くしている真の原因を突き止め、なぜ悪いのかを明らかにします。具体的には、「仮説」と「検証」を実施することにより、真の原因を突き止めます。

③ 対策の検討と実施

要因の解析で追究された真の原因を取り除くための対策案を検討し、効果があり、実施可能な対策を実施します。

問題解決型QCストーリーのステップと実施内容を表3.1に示します。

(2) 課題達成型QCストーリー

1) 課題達成型QCストーリーの特徴とポイント

課題達成型の特徴は、課題を達成するためにはどうしたらよいのかのアイデアを創出することです(図3.5参照)。ここでいうアイデアとは、プロセスやシステムを変革するというくらいのアイデアでなくてはなりません。そのため、「方策の立案」において効果重視でアイデア出しを行い、それを確実に実現さ

表 3.1　問題解決型 QC ストーリーのステップと実施内容

ステップ	実施内容
1．テーマの選定	・問題・課題を洗い出す ・問題・課題を整理し，評価・絞り込む ・事実により確認する ・テーマ名をつける ・QC ストーリーの型を決める
2．現状の把握と目標の設定	・業務プロセスを明確にする ・データを収集しグラフ化する ・問題のばらつきをつかむ ・目標を設定する（目標の 3 要素）
3．活動計画の作成	・活動スケジュールを決める ・役割分担を決める ・活動計画書を提出する
4．要因の解析	・要因を洗い出す ・重要要因を絞り込む ・重要要因を事実・データで検証する
5．対策の検討と実施	・対策を立案する ・対策案を評価し，絞り込む ・対策を実施する
6．効果の確認	・目標値と実績値を比較する ・その他の効果（波及効果）と副作用をつかむ ・無形効果を把握する
7．標準化と管理の定着	・標準化（ルール化）する ・教育訓練と標準どおりの実施を徹底する ・結果をフォローする
8．反省と今後の課題	・問題解決の進め方を振り返る ・運営（QC サークル）を振り返る ・残った問題点をまとめる ・反省点を次回の改善活動に活かす

図 3.5　課題達成型 QC ストーリーの基本骨格

せるために「成功シナリオの追究」と「成功シナリオの実施」という手順を踏むのです．

この課題達成型で改善を実施していく際のポイントは，以下のようになります．

① 攻め所

現状レベルを正しく把握したうえで，将来のありたい姿を明確にし，そのギャップから攻め所を決めます．ここでの現状レベルの正しい把握とは，問題解決型での現状の把握に該当します．

また，攻め所の選定を誤ってしまうと，その後の成功シナリオも目的とは違った方向に向いてしまいますので，注意が必要です．

② 方策の立案

目標を達成するための方策案(アイデア)を数多く出し，期待効果の大きな方策案を選定します．この段階では，実現性については考えずに，期待効果を重視することが大切です．

③ 成功シナリオの追究，成功シナリオの実施

効果の高い方策案をどのようにして実現させるかのシナリオを検討し，選定した成功シナリオを粘り強く着実に実施します．

課題達成型 QC ストーリーのステップと実施内容を表 3.2 に示します．

(3)　施策実行型 QC ストーリー

1)　施策実行型 QC ストーリーの特徴とポイント

表 3.2　課題達成型 QC ストーリーのステップと実施内容

ステップ	実施内容
1．テーマの選定	・問題・課題を洗い出す ・問題・課題を整理し，評価・絞り込む ・事実により確認する ・テーマ名をつける ・QC ストーリーの型を決める
2．攻め所と目標の設定	・業務プロセスを明確にする ・ありたい姿と現状の姿を調査する ・ありたい姿と現状の姿のギャップを明確にする ・方策を検討する攻め所を決める ・目標を決める（目標 3 要素）
3．方策の立案	・方策案（アイデア）をたくさん出す ・方策案を期待効果についてのみ評価する ・有効な方法をいくつか選定する
4．成功シナリオの追究	・具体的な成功シナリオを検討する ・成功シナリオの期待効果を予測する ・成功シナリオを選定する
5．成功シナリオの実施	・成功シナリオを実施するための実行計画を立てる ・実行計画に沿って実行する
6．効果の確認	・目標値と実績値を比較する ・その他の効果（波及効果）と副作用をつかむ ・無形効果を把握する
7．標準化と管理の定着	・標準化（ルール化）する ・教育訓練と標準どおりの実施を徹底する ・結果をフォローする
8．反省と今後の課題	・問題解決の進め方を振り返る ・運営（QC サークル）を振り返る ・残った問題点をまとめる ・反省点を次回の改善活動に活かす

施策実行型の特徴は，現状の把握をしっかり実施することにより，その時点で「何をどうすればよいか」すなわち「ここに手を打てば大丈夫，という対策の方向性が見えてきた」ときにスピーディに改善を実施するということです（図3.6参照）．ここに手を打てば大丈夫という方向性を「対策のねらい所」としてまとめ，対策の検討につなげていきます．

注意してほしいことがあります．それは，テーマ選定の段階で打つべき対策の方向性や具体的な対策案がわかっているから，施策実行型を活用するということはやめて欲しいということです．あくまでも，現状把握を行った結果として，「対策のねらい所」が見えてきた場合に施策実行型を活用してください．

この施策実行型で改善を実施していく際のポイントは，以下のようになります．

① 現状の把握

選定されたテーマについて，これまでや現在起きている現象を調査・分析し，攻撃対象（管理特性）に関する悪さ加減，特徴や変化点を正確に把握します．特に，層別を活用しいろいろな角度から管理特性の特徴をつかんでいき，「わかったこと」としてまとめることが大切です．

② 対策のねらい所

現状の把握での「わかったこと」に対し，ここに手を打てば大丈夫，という対策の方向性を明確にし，「対策のねらい所」としてまとめます．

③ 対策の検討と実施

「対策のねらい所」にもとづき，有効と思われる対策案を具体的に展開し，

図 3.6　施策実行型 QC ストーリーの基本骨格

対策を実行します．

施策実行型 QC ストーリーのステップとその実施内容を表 3.3 に示します．

表 3.3　施策実行型 QC ストーリーのステップと実施内容

ステップ	実施内容
1．テーマの選定	・問題・課題を洗い出す ・問題・課題を整理し，評価・絞り込む ・事実により確認する ・テーマ名をつける ・QC ストーリーの型を決める
2．現状の把握と対策のねらい所	・業務プロセスを明確にする ・データを収集し，グラフ化・見える化する ・現状の問題点を明確にし，「わかったこと」としてまとめる ・「対策のねらい所」をまとめる
3．目標の設定	・目標を設定する（目標の 3 要素） ・活動スケジュールを決める
4．対策の検討と実施	・「対策のねらい所」に基づき，対策を立案する ・対策案を評価し，絞り込む ・対策を実施する
5．効果の確認	・目標値と実績値を比較する ・その他の効果（波及効果）と副作用をつかむ ・無形効果を把握する
6．標準化と管理の定着	・標準化（ルール化）する ・教育訓練と標準どおりの実施を徹底する ・結果をフォローする
7．反省と今後の課題	・問題解決の進め方を振り返る ・運営（QC サークル）を振り返る ・残った問題点をまとめる ・反省点を次回の改善活動に活かす

(4) 未然防止型 QC ストーリー

1) 未然防止型 QC ストーリーの特徴とポイント

　未然防止型の特徴は，事前に起こりそうなトラブル・事故の洗い出し(改善機会の発見)を行い，それに向けた対策案を作成・実施すること(対策の共有と水平展開)です(図3.7参照)．当然のことながら，今起きている問題・課題そのものをテーマとするわけではありません．このことは，他の改善の型と大きく異なる点です．すなわち，「テーマの選定」で，問題・課題を選択するのではなく，製品・サービスまたは業務を選ぶことです．

　この未然防止型で改善を実施していく際のポイントは，以下のようになります．

　① 現状の把握

　選定された製品・サービス／業務に関するトラブル・事故の情報を集め，何に起因しているものが多いのかを把握します．

　② 改善機会の発見

　過去の失敗の収集と類型化を実施することにより，起こりそうな失敗の洗い出しを行います．

　③ 対策の共有と水平展開

　過去に成功した失敗防止対策(エラープルーフ対策や故障対策など)を整理し，これらをヒントに対策案を作成します．また，有効そうな対策案を組み合わせて最終的な案にまとめ，対策を実施します．

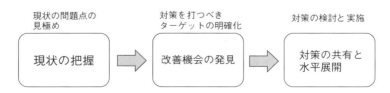

図 3.7　未然防止型 QC ストーリーの基本骨格

表 3.4 未然防止型 QC ストーリーのステップと実施内容

ステップ	実施内容
1．テーマの選定	・職場が提供している製品・サービス／業務をリストアップする ・量とトラブル・事故の起こりやすさを点数づけし，取り組むものを絞り込む
2．現状の把握と目標の設定	・選んだ製品・サービス／業務に関するトラブル・事故の情報を集める ・トラブル・事故が何に起因しているものが多いのかを把握する ・目標を設定する（目標の 3 要素）
3．活動計画の作成	・活動スケジュールを決める ・役割分担を決める
4．改善機会の発見	・「失敗モード一覧表」を作成する ・作業手順または設備を「業務フロー図／機能ブロック図」にまとめる ・「FMEA（失敗モード影響分析）」を活用し，起こりそうな失敗を洗い出す ・それぞれの失敗についての「RPN（危険優先指数）」を求め，対策の必要な失敗を明確にする
5．対策の共有と水平展開	・過去に成功した失敗防止対策を整理し，「対策発想チェックリスト」や「対策事例集」にまとめる ・対策案を作成する ・「対策分析表」を活用し，有効そうな対策案を組み合わせて最終的な案とする ・対策を実施する
6．効果の確認	・適切なデータを収集・分析し，その効果を確認する
7．標準化と管理の定着	・活動のプロセスを文書化し，発表する ・得られた知見を，作業標準書／技術標準書，対策発想チェックリスト，対策事例集，失敗モード一覧表，FMEA などに反映する ・対策が不十分なものは，継続的な監視・検討を実施する
8．反省と今後の課題	・活動を振り返り，今後の活動へ活かす ・活動を通したメンバーの能力向上・成長を評価する

未然防止型 QC ストーリーのステップと実施内容を表3.4に示します．

テーマの選定での実施内容からもわかるように，未然防止型 QC ストーリーは，他の型とは異なっています．したがって，第4章以降では，問題解決型 QC ストーリー，課題達成型 QC ストーリー，施策実行型 QC ストーリーについてのみ対象として取扱います．

3-6　4つのQCストーリー（型）の使い分け

これまで見てきたように，改善の4つの QC ストーリー（型）にはそれぞれ特徴があります．これらの特徴を正しく理解し，上手に活用していくことが，改善を実施していくうえで大切なことです．もしも，不適切な手順を用いて改善を実施してしまうと，思うような効果を得ることができないだけでなく，時間のロスも生じてしまいます．

ここでは，QC ストーリーの使い分け方を選ぶための方法を2つ紹介します．まず，図3.8は日本品質管理学会が制定した日本品質管理学会規格（「小集団改善活動の指針」JSQC-Std 31-001：2015）から引用したものです．

テーマの選定段階で，どの型の QC ストーリーで改善を進めるべきかを決められるときもあります．しかし，実際に改善を実施すると，図3.8どおりではうまくいかないケースもあります．そこで，現状把握が終わった時点でどの QC ストーリー（型）を採用すべきかを見直す方法を図3.9に示します．テーマの選定段階で QC ストーリーの型を決めてあっても，現状把握が終わった段階で，どの型が相応しいのかを再度検討してください．

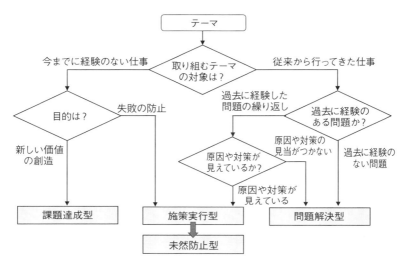

図 3.8 QC ストーリーの4つの型と選択

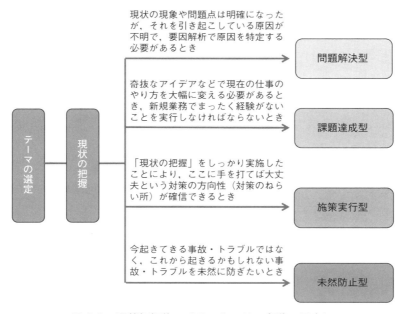

図 3.9 現状把握後の QC ストーリー(型)の見直し

第4章

テーマ選定の基本

　テーマ選定を上手に進めるためには，ちょっとしたコツがあります．
　本章で紹介するテーマ選定時の手順や着眼点，そして上司の役割（活用方法）を意識することで，テーマ選定を少し楽にしてみませんか．
　すでにご承知の点もあるかもしれませんが，QCサークル活動による改善の原点である「テーマ選定」の基本をもう一度，学び直してみましょう．

4-1　テーマ選定を永遠の悩みとしない

　適切なテーマ選定は，QCサークル活動の永遠の悩みだったともいえます．その証拠に，1988年（昭和63年）にQCサークル関東支部京浜地区の研究成果として発行された小冊子のタイトルは，「私の悩み…テーマ！～テーマ選びの悩み，援助します～」というものでした．そして現在に至るまで，テーマ選定の悩みについては，『QCサークル』誌の誌上でも繰り返し取り上げられています．この普遍的な悩みは今でも解決することはなく，各職場のサークルリーダーやサークルメンバーの頭を悩ませているようです（右ページのコラム参照）．

　QCサークルの実力に対してテーマがやさしすぎてはモチベーションが上がらず，逆にテーマが大きすぎても壁に当たって活動が停滞してしまいます．また，改善を進めるメンバーの一部だけが納得したテーマでは，全員参加での活動を進めることは困難になります．そして，サークルが所属しているのが直接部門（生産部門）か管理・間接部門（事務部門）なのかによっても，テーマ選定の悩みはさまざまです．

　QCサークルにとって適切なテーマ選定を永遠の悩みとしないよう，本章で学んでください．

4-2　テーマ選定の概要

　まずは，テーマ選定を進める際の実施手順とポイントを解説していきます．概要をp.48の図4.1に示します．

第4章 テーマ選定の基本

―― ◆コラム◆ QC サークル誌に掲載された悩み例を紹介 ――

『QC サークル』誌の特集記事で紹介された代表的なテーマ選定の悩みと，解決へのアドバイスを以下にピックアップしてみました．みなさんのサークルに当てはまるものはあるでしょうか．

Q：テーマ選定の悩み例	A：解決へのアドバイス
メンバー共通のテーマが見つからない	個人の仕事を分析して共通の問題点を抽出してみましょう．テーマリーダーを順番に担当することで，個人の問題を全員で取り組む雰囲気作りをする工夫も有効です．
メンバーの入替えが激しく，いつもミス削減テーマの繰返しとなっている	人の入替えでミスが頻発しているなら，その撲滅に繰返し取り組むことも必要ですね．ただし，大切なのは PDCA を回して，内容をレベルアップしていくことです．
上司の要求と自分たちのやりたいテーマが合わない	まずはコミュニケーションが必要ですね．上司が望むテーマと自分たちがやりたいテーマを並行して同時に取り組む方法もあります．
効果金額を出しにくいテーマになってしまう	削減できた手間を時間単価で金額換算する方法や，「効果は金額でなくても良い」と割り切り，出来栄えを言語で段階評価する方法もあります．
効果は大きなテーマでも，難しいと挑戦しないで避けている	大きなテーマも，内容を分解して小規模なテーマに分けると取り組みやすくなります．また，難しいテーマを克服するには，上司の協力や環境整備も重要ですね．

出典：特集「テーマについての悩みごと」，『QC サークル』，No.551，日本科学技術連盟，2007 年．

手　順	実施内容・ポイント
事前準備	・日ごろから気づいたことなどを蓄積する工夫(テーマバンク制度など)を行い，整理しておく ・上司に今の職場の問題・課題を聞き，整理しておく

【手順1】 問題・課題を洗い出す	・身の回りから ・上位方針から ・ユーザー指向の観点から ・過去の活動の反省から ・他の取組み事例から	＜着眼点＞ ・QCDSME ・3ム ・4M ・5S　など

【手順2】 問題・課題を整理し，評価・絞り込む	・問題・課題を層別し整理する ・評価項目と評価基準を決める ・QC手法を活用し，評価・絞り込む ・全員でよく話し合う	＜QC手法＞ ・パレート図 ・マトリックス図，など

【手順3】 事実により確認する	・絞り込んだテーマ候補の重要性・必要性を事実データで確認する ・テーマ選定理由をまとめる ・採用されなかった問題・課題を有効活用する	QC手法活用

【手順4】 テーマ名をつける	・テーマ名は具体的に表現する ・対策や手段をテーマ名にしない

【手順5】 QCストーリーの型を決める	・QCストーリーの型を検討し，決める

図 4.1　テーマ選定を進める際の

第4章 テーマ選定の基本

```
┌─────────────────────────────────────────────────────────┐
│ 事前準備                                                 │
│  ┌──────────────────────┐  ┌──────────────────────────┐ │
│  │ 日ごろからの気づきを │  │ 上司から職場の問題・課題 │ │
│  │ 整理する             │  │ を聞いて整理する         │ │
│  └──────────────────────┘  └──────────────────────────┘ │
└─────────────────────────────────────────────────────────┘
                              ▼
```

【手順1】問題・課題を洗い出す

| 身の回りから | 上位方針から | ユーザー指向 | 過去の活動の反省から | 他の事例から |

ブレーンストーミングを活用する

- 職場の6大任務（QCDSME）
- 3ム（ムダ・ムラ・ムリ）
- 4M（機械・材料・人・方法）
- 5S（整理・整頓・清掃・清潔・躾）

【手順2】問題・課題を整理し，評価・絞り込む

層別・整理する → A B C D → 評価・絞り込む

評価項目・評価基準を決めマトリックス図を活用し評価する

 → テーマ候補

【手順3】事実により確認する

テーマ候補の実際がどうなのか，事実・データで確認する

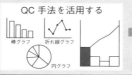
QC手法を活用する
棒グラフ／折れ線グラフ／円グラフ

- テーマ候補の重要性や改善の必要性を確認できたら，テーマ選定理由をまとめる
- 採用されなかった問題・課題を有効活用する

【手順4】テーマ名をつける
- 具体的に表現する
- 対策をテーマ名にしない

［表現の基本］
○○（対象）における△△（管理特性）を□□（改善の程度）する

【手順5】QCストーリーの型を決める
　4種類あるQCストーリーのどれを適用するのが適当なのかを検討し，決める

実施手順とポイント

4-3　手順と実施内容・ポイント

事前準備

| 日ごろからの気づきを整理する | 上司から職場の問題・課題を聞いて整理する |

(1) 日ごろからの気づきを蓄積し，整理する

　いざ会合の場になって「何をテーマにするか」と考えても，なかなか意見が出てこないことも多いものです．日ごろから，問題だなと思ったことはメモする習慣をつけて，蓄積しておくことをお勧めします．なお，問題・課題を見つける段階では，メンバーに共通したものだけに絞らずに，広い範囲から探すことが大切です．

　気づいたときに簡単に状況を記録する手段として，テーマバンク制度や気づき記入ノート（第5章参照）などを活用するのもよい進め方です．パソコンの共有フォルダに記入用ファイルを準備し，気づいたことを各メンバーが入力していく方法などもあります．

(2) 上司から職場の問題・課題を聞いて，整理する

　会合を開く前に，リーダーは上司から今の職場の問題・課題を聞き出して，整理しておきます．近い将来，発生しそうな問題・課題などは，上司からの情報で得るのが早道です．

　また，この段階から上司に連携してもらえば，その後の活動を進めていく中で，困ったことが起きたときにも相談しやすくなります．

第4章 テーマ選定の基本

【手順1】問題・課題を洗い出す

| 身の回りから | 上位方針から | ユーザー指向から | 過去の活動の反省から | 他の事例から |

ブレーンストーミングを活用する

- 職場の6大任務（QCDSME）
- 3ム（ムダ・ムラ・ムリ）
- 4M（機械・材料・人・方法）
- 5S（整理・整頓・清掃・清潔・躾）

(1) 問題・課題を洗い出す5つのポイント

　ここでは，問題・課題を洗い出すポイント（着眼点）を5つ紹介します．多くの着眼点を考慮して洗い出せば，活動の幅が広がります．一方で，慣れるまでは戸惑ったり，工数をかけすぎてしまうこともあります．テーマ選定に馴れていない段階では，「自分たちの身の周りで困っていること」のように，着眼点を1つに絞る工夫も必要です．

1) 身の周りから洗い出す

　第2章でも述べたように，職場の6大任務（QCDSME）の観点や，仕事を進めるうえでの3ム（ムダ，ムラ，ムリ）など，自分たちが日ごろから困っていること，不便なこと，苦労していることを身の周りから出し合います．また，問題・課題を探す意識をもって職場の5Sを実施することで，問題点が顕在化することもあります．

　少し経験を積んだサークルなら，近い将来に発生しそうな問題・課題に着目したり，QCサークル活動の運営面で，困っていることに着目するのもよい方法です．たとえば，人の入れ替わりが激しくてテーマが選定できず，改善活動が軌道に乗らない，という悩みをもつサークルの場合は，仕事に不慣れな新メンバーから「困っていること，やりにくいこと」を聞き出し，テーマに取り上げる工夫も有効です．

2) 上位方針から洗い出す

　上司方針や課の課題を具体的に細分化して，自分たちの問題と結びつけられるものを見つけます．方針が大きすぎてイメージできない場合には，自分達から上司に働きかけ，対話をしながら進めることも大切です．

　また，上司や関係スタッフが会合に参加し，新たな情報を加味することで，より効果的な問題・課題の洗い出しが期待できますので，状況に応じて一緒に検討することをお勧めします．

3) ユーザー指向の観点から洗い出す

　お客様や後工程の人達の不満や要望の中から，自分たちの仕事のやり方を改善することで「喜ばれるもの」を見つけます．

4) 過去の活動の反省から洗い出す

　今までの改善活動で反省点として挙げられ，積み残した問題・課題を改めてチェックします．前回は解決できなかった問題・課題に取り組むことで，活動に継続性が生まれ，サークルの成長にもつながります．また，少ない労力で成果を上げていく「重点指向」の合理的な方法でもあります．

5) 他の取組み事例も参考にしてみる

　何かと問題視されがちな「真似する」ことも，QCサークル活動では大いに奨励されています．他サークルの改善事例で，自分達にも取り入れられるものがあれば，社内外を問わずに参考にしてみましょう．

　社外事例の情報は，『QCサークル』誌の購読や，全国各地で開催されている地区大会への参加や発表要旨集の入手などの方法で得ることができます．

(2) 問題・課題の洗い出し方

1) ブレーンストーミングを活用する

　メンバー全員でブレーンストーミングを行い，自由に問題・課題を出し合います．ブレーンストーミングの4つの基本ルール「批判禁止」，「質より量」，「自由奔放」，「結合便乗」を活かし，幅広く意見を出し合います．

人前で発言するのが苦手な人には，ブレーンライティングという方法もあります．これは，ブレーンストーミングと同様に4つの基本ルールを活かしながら，1枚の用紙に別のメンバーが記入した意見を見て着想し，自分の意見を書いていくものです．紙に書いて伝える方法なら，参加メンバー全員の意見を平等に聞き出すことが可能です．

2) お客様や後工程へのヒアリング

自職場では問題となっていないことでも，お客様や後工程の不満の原因になっていないかを調査します．表面化していない不満や要望を把握するためには，アンケートの実施や，後工程と情報交換の場をもつことなどが有効です．

3) 日常管理データのチェック

職場で定められている基準や作業標準と，自分たちの日ごろの仕事のプロセスや結果を対比してみると，問題・課題が見えてきます．日常の仕事の状況を示す管理資料やデータをチェックし，ばらつきや問題点がないかを確認します．

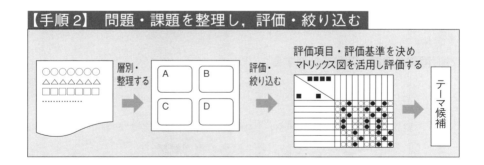

【手順2】 問題・課題を整理し，評価・絞り込む

(1) 洗い出した問題・課題を整理する

1) 問題・課題を「層別」する

問題・課題がたくさん洗い出された場合には，まずは層別します．層別と

表 4.1　問題・課題の層別例

層別の例	層別項目
問題の発生元別	職場の 6 大任務（QCDSME） ① Quality：品質に関わること ② Cost：原価に関わること ③ Delivery：納期・量に関わること ④ Safety：安全に関わること ⑤ Morale：モラール（士気）に関わること ⑥ Environment：環境に関わること
洗い出す 5 つのポイント別	① 身の周りに関わること ② 上位方針に関わること ③ ユーザー指向に関わること ④ 今までの活動の反省に関わること ⑤ 他の取り組み事例に関わること

は，「項目ごとに，同じような内容を分ける」ことです（表4.1参照）．問題・課題の数がそれほど多くない場合には，そのまま次の絞り込みに進んでもかまいません．

2) 同様の問題・課題を整理する

1つの問題・課題を，表現を変えているだけのものがあれば，まとめて整理します．

　例：「製品 A の手直し回数が多い」と「製品 A の不良率が高い」
　　　「事務所が片づいていない」と「職場の整理整頓」

(2) 問題・課題を評価・絞り込む

「改善の必要性」，「QCサークルの実力」の2大要素に対して評価項目を設定し，マトリックス図法を活用して絞り込んでいきます．

なお，サークルの経験やレベルによって，評価項目は異なって当然です．い

表 4.2 「改善の必要性」での評価項目の例

項目	内容・ポイント	類似の表現例
方針	・上位方針や職場の課題に沿っているか検討する ・サークル独自の活動方針や，テーマ選定に際しての考え方が明確なら，評価項目に加える 　例）「後工程の満足」，「品質向上」，「安全性の向上」，「人財育成」など	上司方針，上位方針，重点課題，サークル方針
重要性	その問題・課題が，職場や後工程に影響する度合いを判断する	重要度，困り具合，迷惑度，顧客ニーズ
緊急性	解決を急ぐ問題かを判断する	緊急度
費用	・改善に要する費用や時間（費用対効果はどうか）を検討する ・改善後の削減金額の大きさは「効果」に分類した方がわかりやすい	コスト，経済性
効果	改善後のあらゆる面での効果（影響）の大きさを判断する	期待効果，貢献度，効果金額

つも同じ評価項目ではなく，そのときの自分たちのサークルにふさわしいテーマを取り上げられるよう，状況によって評価項目を変える柔軟性が必要です．

表4.2と表4.3に代表的な例を挙げますが，すべての評価項目を盛り込む必要はありません．改善にあたっての制約条件やサークルの実力も考慮して，3～4項目くらいから設定してもかまいません．

(3) 評価項目設定時の注意点

1) 評価項目の内容を明確に

ここで気をつけたいのは，個々の評価項目の内容を明確にする必要があるこ

表 4.3 「QCサークルの実力」での評価項目の例

項目	内容・ポイント	類似の表現例
共通性	・メンバー全員が，これからの活動に協力して取り組める問題かどうか検討する ・特定のメンバーの問題でも，その困り具合に共感できれば，全体の問題として取り上げることも可能となる(問題の共有化)	全員参加，チームワーク，協力度，共有性，多能化
実現性	・メンバーが協力し，努力すれば解決できるか検討する ・現在の実力に対して，20～30%のストレッチ分(＝レベルアップ幅)をプラスして判断するとよい	難易度，実力，レベル，取り組みやすさ
活動期間	・適度な期間(3～6ヶ月程度)で解決可能か検討する ・サークルのレベルによっては，長期テーマでは活動への意欲を保つのが困難になる場合もある	スピード，納期

とです．内容があいまいだと，評価結果も不明瞭になってしまいます．たとえば，評価項目として「コスト」を設定した場合，ある人は「改善によるコストダウン金額(＝成果の大きさ)」と理解し，別のある人は「改善するためにかかる費用」と理解していた場合，評価尺度が異なってしまうかもしれません．評価時に関係者で再確認することも重要ですが，とらえ方が分かれそうな表現は，最初から避けてしまうのも1つの方法です．

2) 同じような評価項目を設定しない

評価項目は「改善の必要性」と「QCサークルの実力」からバランスよく設定されるのが理想的ですが，内容が同じ評価項目，たとえば「難易度」と「実力」が並んで設定されているような例を見ることがあります．これでは評価が偏ってしまう恐れもあるため，重複させないようにします．重複のない適度な数の評価項目を設定し，その内容を関係者全員で理解したうえで評価に進みま

す.

(4) 問題・課題の絞り込み方法

1) 絞り込みの進め方(準備)

メンバーが全員参加し,総意で絞り込みます.その問題・課題に関する資料やデータを事前に準備しておくと,評価に客観性をもたせることができます.問題・課題の内容によっては,上司やスタッフにも参画してもらい,客観的な意見を求めることも重要です.

2) マトリックス評価の進め方

記号(◎○△,○△×)で評価する際には,記号の重みづけ(評価基準)を前もって決めておきます.結果に差が出にくい場合には,配点を1点刻みではなく2点刻み(5,3,1点)とする,「×」は配点0点とするなどの工夫をしましょう.

また,単純に点数を合計した結果,点差がつかずに判断に迷うことがあります.重視している評価項目は配点を2倍にするなど,サークル独自の工夫で本当にニーズの高いテーマを上位に絞り込むことができます.

3) 表面的な「共通性」にはこだわりすぎない

現在では業務が専業化した職場が増えているため,完全に共通のテーマを選定するのは難しいものです.また,共通性にこだわりすぎると,いつも同じようなテーマを選定することになり,活動がマンネリ化する場合もあるようです.

一見すると共通性のない業務に見えても,分解してみると同じ機能の業務をそれぞれが担当していることもあります.また,多能化の観点から,一人のメンバーの問題・課題を他のメンバーも自分のこととして取り組む「テーマの共有化」は,メンバー全体のスキルアップにつながります.

全員参加での活動のために「共通性」を評価するのは大切ですが,一歩踏み込んで「本当に共通性がないのか,問題・課題を分解してみたらどうか」を考

えてみることも大切です．

(5) 参考事例

ここで，評価項目の設定や，問題・課題の絞り込みの参考となる事例を紹介します．

【参考事例1】評価項目をバランスよく設定した事例

テーマ：「誰でも働ける工場づくり　～将来の生産要員不足に対して～」

　　　　　日野自動車㈱　日野工場　フレッシュSサークル

テーマの必要性として4つ，サークルの実力から3つ，合計7つの評価項目がバランスよく設定された事例です（図4.2参照）．

テーマ選定

メンバー全員の困りごとをリストアップした．

1点は2人以下，2点は3～4人，3点は5人以上

	評価項目	必要性				サークルの実力			合計
	候補テーマ	方針	緊急性	効果	困り度	全員参加	期間	難易度	
1	補材部品のかんばん化推進	1	1	2	2	3	3	3	15
2	ごみの削減	2	1	3	2	3	1	2	14
3	誰でも働ける職場推進	3	3	3	2	3	2	1	17
11	プレス型の廃棄場所改善	3	1	3	2	3	1	1	14

全員で評価し，職場の課題に直結したテーマに取り組むこととする

図4.2　参考事例1

出典：『第5762回オール京浜改善事例大会要旨集』，QCサークル関東支部京浜地区，2015年．

第4章 テーマ選定の基本

【参考事例2】 サークル方針を評価項目に設定した事例

テーマ：「インターナルギヤ量産化に向けた外歯工法確立」

　　　　　　日産自動車㈱　パワートレイン技術開発試作部　わかばサークル

　この事例では，上司方針とサークル方針を受けて，サークル独自の「人財育成」を評価項目に設定しています（図4.3参照）．この段階で「佐藤さん」の育成テーマとして取り組むことを宣言し，サークルとして何をめざして改善を進めていくのかを明確に示しています．

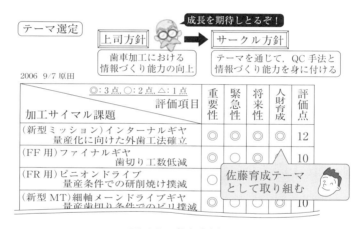

図4.3　参考事例2

出典：長田洋編著，『QCサークルにおける改善のベストプラクティス』，日科技連出版社，2013年．

【参考事例3】 一歩踏み込んで全員共通の問題として取り組んだ事例

テーマ：「デスクワーク時間の短縮（現場へ出向く時間の創出）」

　　　　　　アイカ工業㈱　環境安全部　ESサークル

　メンバーそれぞれが専門性を活かした別の業務を担当しているサークルの事例です．「担当業務が違うから」といった先入観から手を打たなかった部分にも，分析してみると共通的な問題・課題が潜んでおり，これを改善することで職場全体の大きな効率化につなげています（図4.4参照）．

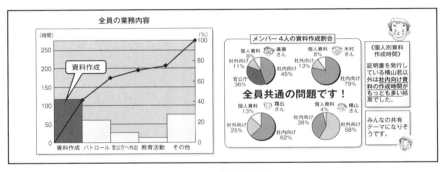

図 4.4 参考事例 3

出典:『QC サークル』,No.611,日本科学技術連盟,2012 年.

【手順3】 事実により確認する(テーマ選定理由のまとめ)

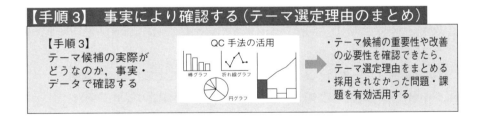

(1) 絞り込んだテーマ候補の重要性・必要性を事実データで確認する

絞り込んだ問題・課題が,本当に大切で必要性のあるものかどうか,単に意

見だけで取り上げるのではなく,事実はどうなのかをデータで確認しておくことが大切です.細かな点は現状の把握で確認しますが,実活動に入ってから「テーマに取り上げるほどの問題でもなかった」といった事態にならないように,事実データでの確認を怠らないようにします.

(2) テーマ選定理由をまとめる

1) 困り具合の明確化

なぜこのテーマ候補に取り組むのか,自分たちの職場や後工程の困り具合を明確にしておきます.このとき,取り組む背景を数値化し,さらにグラフ化して示せると,やるべきことが非常に理解しやすくなり,メンバーや関係者の協力も得やすくなります.

2) 取り組むねらいを明確にする

事実にもとづき,何が一番問題なのか,どうしたいのかを明確にします.漠然とした問題・課題を深掘りすることで,テーマ名の決定や目標値の設定がスムーズに進むようになります.たとえば,単に「製品案内資料の整理・整頓」とするのではなく,「書棚が散らかっていること」が問題なのか,「資料探しに時間がかかること」が問題なのか,「お客様をお待たせすること」が問題なのかを明確にします.

(3) 採用されなかった問題・課題の有効活用

評価の結果,次点以下になった問題・課題は記録に残して,次回や年間テーマの候補とします.また,サークルで取り組むまでもなく,改善提案で解決できそうな問題・課題は,個人に振り分けて改善提案を実施します.

設備変更などが必要な大きな問題・課題のように,自サークルでは手に負えそうにないものもあります.その場合は,上司や他部門に改善の依頼を行いますが,その際にはテーマ選定段階で得た情報をフィードバックするなどして,有効活用をはかります(第5章 事例1参照).

【手順4】 テーマ名をつける

- 具体的に表現する
- 対策をテーマ名にしない

[表現の基本]
○○（対象）における△△（管理特性）
を□□（改善の程度）する

いよいよテーマ名をつけます．ここでは，テーマ名のつけ方についてのポイントを紹介します．

(1) テーマ名は具体的に表現する

1) 「○○における（または○○の）△△を□□する」と表現する

誰が見ても，何をどう改善しようとしているかが，一目でわかるように具体的に表現します．

　　○○→どの範囲の：改善する対象（製品名，工程名，作業名など）
　　△△→何を　　　：改善したい管理特性（故障件数，作業工数，お待たせ時間など）
　　□□→どうしたい：改善の方向・レベル（低減，撲滅など）
　　例：　　「○○における△△の□□」
　　　　→「カレーパン製造ラインにおける品質不良の低減」

2) 目標値を数値化できれば入れてみる

「どれくらいのレベルに（改善したい）」がテーマ名に入れば，より具体的になります．

　　例：「カレーパン製造ラインにおける品質不良の50%低減」

ただし，目標設定後でないと具体的な数値が織り込めない場合は，当面は数値目標を入れない仮テーマ名として，現状の把握後に数値目標を入れてもかまいません．

(2) 対策や手段をテーマ名にしない

テーマ選定段階で，その問題・課題の対策（手段）を先に考え，それをテーマ

名にしないよう，注意が必要です．手段を限定すると，「なぜなぜ」の掘り下げが不足した応急処置的な活動になり，真の原因を見逃してしまう危険があるからです．有効と思われる手段があっても，まずは十分な現状の把握と要因の解析を行い，その手段が「対策」として本当に有効かどうかを検討することが大切です．

【参考】サブテーマの使い方

テーマ名の中で具体的な内容を表現することが大切ですが，テーマ名の内容以外に訴えたいものがあれば，サブテーマを活用する方法もあります．

① 他の活動（部署として取り組んでいるプロジェクト活動など）との位置づけや関係を明確にしたいとき
例：〜○○プロジェクトの一環として〜

② 一貫性を持った活動のつながりを明確にしたいとき
例：〜○○活動 part2 〜

③ 運営上で工夫した点や，取り組むメンバーの夢や希望など，スローガン的な表現をぜひ織り込みたいとき
例：〜若手とベテランの二人三脚で得た成果〜

【手順5】 QCストーリーの型を決める

4種類あるQCストーリーのどれを適用するのが適当なのかを検討し，決める．

テーマ名が決まったら，今回の改善に有効なQCストーリーを選定します．第3章で紹介したように，4つのQCストーリーの型から，自分たちが扱う問題・課題の解決を効率的に進められそうなものを選んでいきましょう（図4.5参照）．

なお，この段階で課題達成型や施策実行型を選んでも，活動を進めていくう

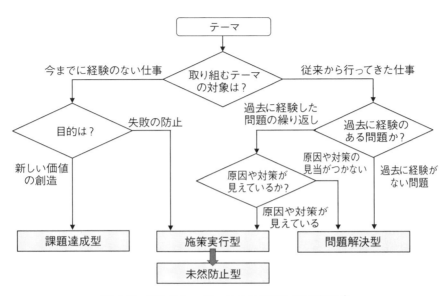

図 4.5　QC ストーリーの 4 つの型と選択（再掲）

ちに要因解析が必要になった，つまり問題解決型が適していたという場合もあります．そんなときは，最初に決めた QC ストーリーを適用し続けるのではなく，見直しも必要です．

また，現状の把握の結果，要因の解析が必要な部分は問題解決型で進め，「対策のねらい所」が見えた部分は施策実行型で進める「ハイブリッド型」という方法もあります．

4-4 テーマ選定における上司(支援者)の役割

(1) テーマ選定時こそ,支援の腕の見せどころ

　QCサークル活動の目的の1つに,自律的に考え,行動できる人材を育成することがあります.その面では,小集団改善活動の運営に自主性を重んじることは,決して悪いことではありません.しかし,残念ながら「自主活動」という意味を誤って理解し,サークルリーダー任せで改善活動に関心を示さない支援者も存在するようです.

　「活動テーマがない」,「上位方針に沿ったテーマといわれても,どう取り組んでよいかわからない」といったサークルの悩みは,まさに支援不足の表れで,テーマ選定をするときに支援者が関わっていないことを物語っています.上司は自部署の方針説明の場で,サークルに任せたい課題を具体的に示すことや,テーマ選定時の会合に参加して,その課題をかみ砕いて説明することも必要です.

　支援者は,この活動をマネジメントの一環としてとらえ,自分自身が日ごろから感じている問題・課題を,サークルの実力に合わせてブレークダウンし,与えてみてはどうでしょうか.自分の業務の一部をサークルに分担してもらい,解決(改善)するという考え方に立てば,そのテーマが完結するまで自然と関わっていくことにもなります.

(2) 日ごろのコミュニケーションで良好な意思伝達を

　上司のテーマ選定への関わり方は,「押しつけるのではなく,引き出す」支援でありたいものです.しかし,テーマ選定に関しては,次のような悩みをもつリーダーも多いようです.

① 上司の要求と，自分たちのやりたいテーマが合わない
② テーマ選定時には具体的な意思表示がなく，後から「課方針の解釈がちょっと違うね」といわれ，修正を余儀なくされた

　上司からテーマを押しつけられるのも，あいまいな指示で後から修正が出るのも困りますね．この悩みは，一見正反対のようにも見えますが，どちらも日ごろからのコミュニケーション不足に原因があるようです．

　上司も部下も，実はお互いに「伝えたのに，わかってくれない」との思いをもってはいないでしょうか．自分は伝えたつもりでも，実は相手には意図が伝わっていないことも多いものです．「伝わるように話をしたか」，「きちんと相手に伝わったのか」をお互いに確認しながら，コミュニケーションをとることが重要です．

　上司は，なぜそのテーマに取り組んで欲しいのか，具体的にどの方針を受けているのかなど，リーダーやメンバーがテーマに取り組む必要性を納得できる説明をしたいものです．また逆に，リーダーやメンバーが取り組む方向性について報告する場合にも，実際のデータ(数値，言語)なども示しながら上司に説明すれば，お互いの思い違いを減らすことができます．

　上司の中には，「部下が相談に来ないから支援できない」という思いをもっている人もいるかもしれません．これも，「自分が，相談しやすい環境づくりをしているのか」という視点から振り返ることをお勧めします．

(3)　テーマ選定のための対話ツール

1)　キャッチボールシート

　図4.6は，名前のとおり，テーマ候補について上司とサークルでキャッチボールのようにやりとりしながら検討していくための書式です．この書式を使って情報を共有し，上司とQCサークルがともに納得したテーマに取り組むことをねらっています．

　運用するときは，上司がサークルの成長への期待を示しながら，職場の問

第4章 テーマ選定の基本

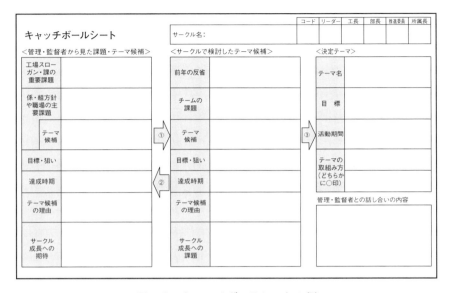

図 4.6 キャッチボールシートの例

題・課題をブレークダウンしたテーマ候補を提示することが重要です．効果を上げるには本音のやりとりが必要ですので，双方がこのシートのねらいを理解したうえで運用することも大切です．

2) アクティブ・ミーティング

「アクティブ・ミーティング」とは，図4.7に示すように，職場に貢献度が高い改善テーマを，より効率的に選定するための会合です．そして上司とサークルメンバーがともに「納得づく」の活動とするものです．

アクティブ・ミーティングは，事実に基づいて自由闊達に話し合うことがポイントです．また，一方的な説明に終始することのないように，お互いに建設的な意見を述べ合います．

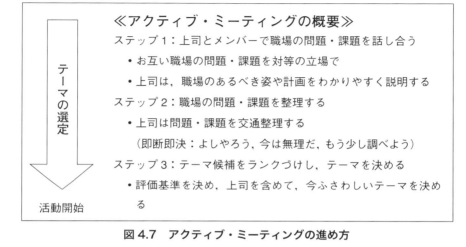

図 4.7　アクティブ・ミーティングの進め方

4-5　テーマ選定でのチェックリスト

　本章の最後に，テーマ選定時の進め方に対してのチェックリストを紹介します（表 4.4 参照）．すべて Yes に○がつかなくてもかまいませんが，サークル活動を進める最中にも，一度立ち止まり，このようなチェックリストで活動を振り返ってみると，思わぬ手戻りが減らせます．

第4章 テーマ選定の基本

表 4.4 テーマ選定でのチェックリスト

区分	チェック項目	チェック Yes	チェック No
問題・課題をつかむ	職場での問題点を，いろいろな角度から挙げてみたか		
	職場の方針を理解し，問題・課題を挙げたか		
	個々の問題・課題の実情を調べるデータは集めたか		
	データをわかりやすくするために図表化の工夫はしたか		
	問題・課題を挙げる際に，関係部門の意見は聞いたか		
	問題・課題に対して，上司とすり合わせを行ったか		
	問題・課題を挙げる際に，QC手法を活用したか		
	問題・課題を挙げる際に，メンバーの意見を聞いたか		
テーマを選定する	テーマを取り上げた目的が，明確になっているか		
	サークルやチームの立場や能力に合ったテーマか		
	メンバーの理解，協力は得られるテーマか		
	QCサークル活動の喜びが得られるテーマか		
	QC手法などが活用できるテーマか		
	上司方針を活かしたテーマか		
	自己啓発，相互啓発ができ，QCサークルと個人のレベルアップをはかれるテーマか		
	QCサークル活動のリーダーとして，リーダーシップが発揮できるテーマか		
	職場における身近で必要性のあるテーマか		

第5章

さまざまな視点による問題・課題発見の実際

　本章では，これまで解説してきた「テーマ選定」に際して必要な知識と「テーマ選定の基本」を，実際にどう適用すればよいのかを，いくつかのパターンに区分して紹介します．
　「テーマ選定」する当事者が置かれている状況はさまざまです．その中で，今，もっともふさわしいテーマを効率よく選定できるよう，本章を参考に工夫してください．

問題・課題を洗い出し，テーマ選定を行う基本を第4章で述べましたが，実際のQCサークル活動において，この基本をどう適用すればよいのか，本章ではこの適用の実際を紹介します．

QCサークルが改善活動に取り組もうとする際，そのときのQCサークルの状況はさまざまです．たとえば，
- はじめてQCサークルを編成し，初のテーマ選定を行おうとしている
- 今までメンバーの身近な問題からテーマ選定してきたが，よりチャレンジできるテーマを選定したい
- 会社や職場の環境変化が激しく，より職場に貢献できるテーマを選定したい

など，QCサークルが置かれたその時々の状況に合う，改善活動のテーマ選定方法のパターンによって，よりテーマ選定の効率化がはかれます．

テーマ選定のパターンは，表5.1に示す6つに分類できます．6つのパターンについて，以下に概要と手順，参考事例を示します．

表5.1 テーマ選定におけるパターンと概要

パターン	着目ポイント	概　　要
1	基本どおり	テーマ選定の基本を忠実に実施してテーマ選定する
2	テーマバンク制度	日頃からテーマ候補を蓄積し、その中からテーマ選定する
3	上位方針に着目	上位方針を掘り下げて，テーマ選定する
4	職場の徹底調査	職場の徹底調査から問題・課題を洗い出す
5	顧客・後工程に着目	顧客・後工程のニーズと職場のミッションを整理し、テーマ選定する
6	将来のリスク軽減	将来を見据えてリスクを軽減するテーマを選定する

5-1 パターン1：テーマ選定の基本を忠実に実施する

いつでも，また多くのQCサークルにおいて適用できるのが，第4章の「テーマ選定の基本」どおりに実施するテーマ選定です．以下に紹介する他のパターンについても，テーマ選定の進め方はこの基本とほぼ同じですが，最初の入り口である「問題・課題の洗い出し」の着眼点を絞った取組みをしています．

まずは，テーマ選定の基本に基づくテーマ選定の進め方を理解いただき，そのうえでサークル独自の工夫を織り込むようにしてください．

(1) どんなときに適用するのがよいか

こういうときにのみ効果的・効率的ということはなく，常にこの基本どおりにテーマ選定することで問題ないといえます．特に次のような状況では，この基本どおりのテーマ選定をお薦めします．

① テーマ選定に馴れていない，たとえばQCサークルを編成したばかりで，はじめてテーマを選定するとき
  …テーマ選定の手順に沿って進められる．
② 年度や前期・後期の切り替え時など，区切りで活動を再スタートするとき
  …職場やQCサークルの環境変化を，あらためて確認し取り込める．

(2) どんな手順を踏めばよいか

第4章「テーマ選定の基本」の手順に従って実施します．概略手順(詳細は第4章参照)を表5.2に示します．

表5.2 テーマ選定の基本手順

手　順	内　容
事前準備	日頃気づいたことや，上司から得た職場の問題・課題を整理しておく
【手順1】問題・課題を洗い出す	身の周りから，上司方針から，などの着眼点から問題・課題を洗い出す
【手順2】問題・課題を整理し評価・絞り込む	洗い出した問題・課題を整理し，評価して絞り込む
【手順3】事実により確認する	絞り込んだ問題・課題を事実・データで確認し，そのテーマ候補に取り組む必要性を再確認し，テーマ選定理由をまとめる
【手順4】テーマ名をつける	何をしようとしているのか，テーマ名は具体的に表現する
【手順5】QCストーリーの型を決める	選定したテーマ解決にふさわしいQCストーリーの型を決める

(3) 注意や工夫したい点

1) 慣れない段階は洗い出す着眼点を絞る

手順1「問題・課題を洗い出す」は，多くの着眼点を考慮して洗い出すため，要領を得ずに戸惑ったり，それなりの工数を要します．テーマ選定に馴れていない場合には，「自分たちの身の周りで困っていること」のように，着眼点を絞る工夫も必要です．

2) 問題・課題を洗い出す前の事前準備を怠らない

問題・課題の洗い出しをスムーズにするため，前段階の事前準備が必要です．上司に職場の方針や重点活動について，前後工程からの情報（苦情など）を

第5章 さまざまな視点による問題・課題発見の実際

仕入れる，日常の管理資料・データから気がついた点，などを事前に情報収集・整理することをお薦めします．

また，問題・課題を洗い出す場に，上司や関係スタッフにも参加してもらい，新たな情報を加味することで，より効果的な問題・課題の洗出しができますので，状況に応じて一緒に検討ください．

3) 問題・課題を評価する項目と基準は状況により変える

洗い出した問題・課題を評価・絞り込む際，そのサークルの経験や実力により，評価項目は異なって当然です．いつも同じ評価項目でなく，今，自分たちのQCサークルにふさわしいテーマを取り上げられるよう，状況により評価項目を変える工夫が必要です．

また，評価基準も状況によりウェイトを変えることも必要です．たとえば，安全面を最重視する場合には，他の評価項目の評価基準の2倍にするなどの工夫が効果的です．

4) 意見のみでなく事実・データで確認する

絞り込んだ問題・課題が，本当に大切で必要性あるものかどうか，単に意見だけで取り上げるのではなく，事実はどうなのかをデータで確認しておくことが大切です．たとえば，目標値などの基準との対比は最初に確認します．細かな点は現状の把握で確認しますが，実活動に入ってから，この数字ならテーマに取り上げるほどのものでもない，とならないよう，事実・データでの確認を怠らないようにします．

5) 洗い出した問題・課題を有効に活用する

洗い出した問題・課題の件数は，10件前後挙がるのが普通です．その後，絞り込んで1件ないし2件程度のテーマ候補を決めます．では，残ったその他の問題・課題はどうすればいいのでしょう？ 重要度や緊急性は異なりますが，問題・課題であるから表に出てきたはずです．せっかく洗い出した問題・課題を有効活用する検討を行ってください．

たとえば，次回以降のテーマ候補にする，簡単なものは改善提案として検討

する，自分達に手が負えないものは上司やスタッフにお願いするなど，有効活用を心掛けてください．

(4) 参考事例・工夫例

「テーマ選定の基本」の手順に沿ってテーマ選定を行った実例を，『QCサークル』誌に掲載された各社のQCサークル体験事例からピックアップしました．どのように問題・課題を洗い出し，評価・絞り込みをし，テーマを決めているか，それぞれの事例から工夫点を参考にしてください．

【事例1】 問題点の洗い出しから評価・絞り込みとテーマ候補を有効活用した事例

㈱小松製作所　ロボットサークル

4なるチェックポイント		職場の問題点	評価			上司方針							総合評価	テーマ	テーマリーダー	活動期間
			重要度	自分たちでできるか	短期間でできるか	品質		コスト		納期		安全				3月 6月
						工程能力の向上	不良の低減	工数の低減	仕損費の低減	仕掛量の低減	設備故障の低減	危険予知力向上				
良くなる	不良はないか															
	異常はないか	F/C内径管理図が異常	◎3	◎3	◎3		◎3						81	バイトの形状変更	(改善提案)	上司・スタッフに依頼する
	手直しはないか	手直し工数発生	◎5	△1	△1		◎3	◎3					45	(設備改善)		○○年3月
	後工程に迷惑をかけてないか	荷姿不備のキズ	◎5	◎3	◎3							◎3	135	運搬荷姿の改善		
	ポカミスはないか															
安くなる	ムダはないか	マルチ作業のロス	◎5	◎3	◎3			◎3					135	V/Pのロス・ムダ排除による低減		○○年5月
	ムリはないか		重要度 ◎5点：大 ◎3点：中 △1点：小	取組みやすさ ◎3点：易 ◎2点：中 △1点：難	期間 ◎3点：短 ◎2点：中 △1点：長			結合度 ◎3点：大 ◎2点：中 △1点：小								
	ムラはないか 能率は下がっていないか															
	工数は計画通りか															
早	日程遅れはないか															

図5.1　事例1

出典：『QCサークル』，No.585，日本科学技術連盟，2010年．

第5章 さまざまな視点による問題・課題発見の実際

事例1のポイント

問題・課題を洗い出すサークル独自の着眼点をもち，マトリックス図を用いて整理・絞り込みを行うとともに，絞り込んだテーマ候補を有効活用している．

....

- 「良くなる」，「安くなる」，「早くなる」，「楽になる」の「4なる」チェックポイントで，問題・課題の洗い出しを工夫している．
- 洗い出した問題点を評価する際に，評価基準のウェイトを状況に応じて変化させる工夫を行っている．
- 評価結果からテーマを絞り込むと同時に，他のテーマ候補についても，改善提案で対応する，手に負えないものは上司・スタッフに相談・依頼するなど，テーマ候補を有効活用している．

【事例2】テーマ：部品発送業務におけるコスト低減をめざして

㈱トヨタエンタプライズ　B級グルメサークル

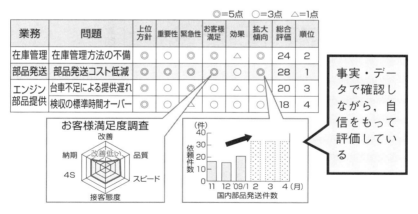

図5.2　事例2

出典：『QCサークル』，No.593，日本科学技術連盟，2010年．

> **事例2のポイント**
>
> 　洗い出した問題を評価・絞り込みをする際に，重要な評価項目について，事実・データで確認したうえで評価点をつけている．
> ....
>
> - 部品物流管理業務を担当するサークルで，部方針の収益改善を受け，担当の3業務についての問題を洗い出した．
> - 洗い出した問題・課題はマトリックス図を用い，今回の改善の重点である「お客様満足度」を評価項目に加えている．
> - 問題・課題を評価する際に，重要な評価項目については，その問題の実態を事実・データで確認したうえで，自信をもって評価点をつけて順位を決めている．

【事例3】テーマ：カムシャフト計測機　チョコ停「ゼロ」への挑戦

日産工機㈱　セイバーサークル

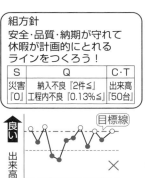

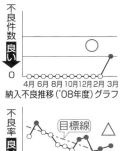

図5.3　事例3

第5章 さまざまな視点による問題・課題発見の実際

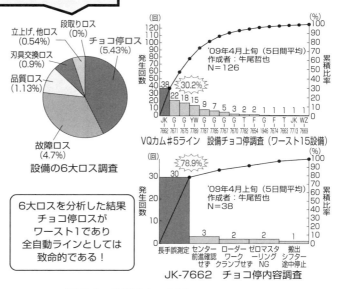

図 5.3　事例 3（つづき）

出典：『QC サークル』, No.595, 日本科学技術連盟, 2011 年.

事例 3 のポイント

　日常の管理資料・データから問題・課題を抽出し，さらに実態を調査することで，問題の工程とロス業務を突き止め，テーマを決定している．

- 職場方針の活動状況を管理グラフで確認し，その中から目標値を下回る業務（出来高）を問題として抽出している．
- 問題を引き起こしている設備の 6 大ロスを調査し，「チョコ停」がワー

- スト1であることが判明している．
- さらに，「チョコ停」の内訳を調べ，問題の工程とロス作業の特定にまで絞り込み，テーマを決定している．
- 問題・課題の洗い出しからテーマ決定まで，すべて事実・データのみで進めているのが特長といえる．

【事例4】テーマ：ベビー室の捨てるミルクを減らそう

静岡県立総合病院　病棟おなおし隊サークル

項目の重みづけ／項目評価／問題点	項目別評価点×1			項目別評価点×2					総合評価点
	メンバーの共通のテーマ	取組みやすさ	現実の可能性	緊急度	重要度	病棟方針	病院方針	業務改善としての効果	
①ベビー室におけるミルクのムダが多い	○	○	△	○	○	○	○	○	61
②外来における保健指導が充実していない	△	×	×	△	△	×	×	△	27
③化療による脱毛に対しての対応が不十分	×	△	△	×	×	×	×	×	27
④ジェルコ針のコスト落ちが多い	△	○	△	○	△	△	○	○	55

評価点　○…5点　△…3点　×…1点

「ベビー室におけるミルクのムダが多い」に決定!!

評価項目を区分し，一方の評価点のウェイトを2倍として，重視する項目を明確にすることで，重点指向している

図5.4　事例4

出典：『QCサークル』，No.571，日本科学技術連盟，2009年．

5-2　パターン2：日ごろから問題・課題（テーマ候補）を蓄積する

　パターン1によるテーマ選定は，いわばゼロから問題・課題を洗い出すこと

になり，やや手間がかかるともいえます．そこで，ゼロから洗い出すのではなく，日ごろから気になっていること，あるいは他から指摘されていることなど，日常の業務を通して問題・課題を記録しておくことで，問題・課題の洗い出しを効率化することができます．

　この方法は，「テーマバンク制度」と呼ばれ，職場や小集団内で仕組みとして定着することで，テーマ選定そのもの，そして問題解決・課題達成の効率化・スピード化に繋がります．

(1)　どんなときに適用するのがよいか

　「テーマバンク制度」は，問題・課題を洗い出す方法の一つです．したがって，こういうときに適用すると効果的，というものではありません．また，こういうときに「テーマバンク制度」を実施するとよい，というものでもありません．

　テーマ選定段階で，そのときに気づいた問題・課題だけでなく，時間経過とともに重要な問題・課題がテーマ選定時に漏れてしまう可能性もあります．問題・課題を洗い出す工夫の1つとして，日ごろからテーマ候補を蓄積する仕組みを構築し，テーマ選定時などに活用してください．

(2)　どんな手順を踏めばよいか

　問題・課題を蓄積する仕組みを考えます．

1)　気づいたときに，簡単に状況を記録する手段を考える
- 簡単なメモ程度ではなく，後で状況がわかる記入様式を検討する．
  …「テーマバンク蓄積用紙」，「問題・課題気づき用紙」，「気づき記入ノート」など．
- 記録する対象を決める
  …困っていること，嫌なこと，やりづらいこと，後工程や上司から指摘されたこと，など．

2) 回収・蓄積する方法や期間などを決める
   - 記入済み用紙を回収する箱を設置する，リーダーなどに都度提出する，社内イントラネットを活用し指定箇所にインプットする，など．
   - 次回のテーマ選定時まで蓄積しておく，定期的に整理し何らかの処置をする，提出された都度に整理して掲示し何らかの処置をする，など．

3) 蓄積した問題・課題の活用方法を検討する

提出された気づきの中には，緊急に処置が必要なもの，次回のテーマにふさわしいもの，次回テーマというより関係者で検討すれば処置できるものなど，さまざまなものがあると考えられます．したがって，次回のテーマ選定時まで保管しておくのはもったいないといえます．

そこで，次のような活用方法も合わせて検討することをお薦めします．

① 問題・課題の内容により整理・仕分けを定期的に行う
   次回テーマ候補，緊急に処置が必要，改善提案で検討，など．
② 見える化をはかる
   整理・仕分けしたものを一覧表にしたり，ボードに直接掲示して，関係者で共有する．
③ 必要によりアクションをとる
   アクションをとる対象により，上司や関係者と協力して実施する．
④ 整理・仕分け後のメンテナンスを行う
   アクション済みのもの，新規に寄せられた気づきを入れ替える，整理・仕分け後の一覧表やボードをメンテナンスし，現時点のテーマバンクを最新の状態にしておく，など．

4) テーマ選定に蓄積したテーマバンクを活用する

テーマ選定時に蓄積したテーマバンクを活用します．テーマバンクが十分に整理・メンテナンスされたものであれば，そのままテーマ候補として取り上げ，「絞り込み」→「事実による確認」→「テーマ名をつける」→「選定理由をまとめる」の手順に沿ってテーマ選定を行います．テーマバンクが十分にメ

第5章 さまざまな視点による問題・課題発見の実際

ンテナンスされていない場合には，新たな気づきや問題・課題を洗い出し，追加することで現時点の問題・課題の洗い出しができたことになります．以降はテーマ選定の基本の手順に沿って行います．

(3) 注意や工夫したい点

1) 記録するフォーマットは簡潔なものにする
各自が気づいた問題・課題を記録として残すフォーマットは，複雑にすると記入することが面倒になり，放置されかねません．記録するシートやカードのフォーマットは，簡潔なものが望まれます．

2) テーマバンクはテーマ選定の目的のみにしない
テーマバンク制度は，テーマ選定のやりやすさから生まれた工夫ですが，日々の仕事の維持・向上面で，改善点を見つける有効な手段です．単にテーマ選定のために蓄積するだけでなく，広く有効活用をはかってください．

3) テーマバンクの管理担当者を明確にしておく
テーマバンクの有効活用をはかるためにも，テーマバンクの維持・管理を誰が担うのかを明確にしておく必要があります．テーマバンクにインプットがされないときの処置も必要ですし，メンテナンスして活用できるようにする必要があります．

4) 改善提案の内容は，改善提案制度に従う
改善提案の対象とテーマ候補の問題・課題とは区別して取り扱う．

テーマバンク制度をどう活用するか，一例を図5.5に示しますので，参考にしてください．

(4) 参考事例・工夫例

「テーマ候補の蓄積と活用」をどのように行っているか，体験事例から紹介しますので，参考にしてください．

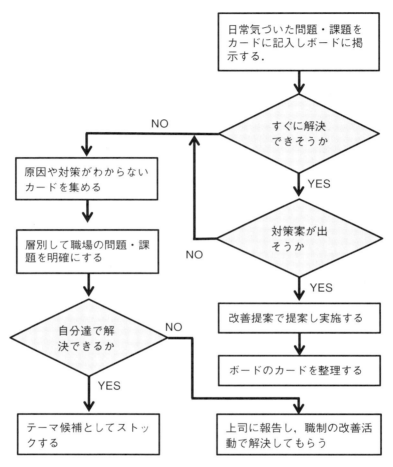

図 5.5　テーマバンク制度の活用例

【事例 5】テーマ：ビス浮きゼロへの挑戦
小島プレス工業㈱　笑☆笑サークル

第5章 さまざまな視点による問題・課題発見の実際

図 5.6　事例 5

出典：『QC サークル』，No.648，日本科学技術連盟，2015 年．

事例 5 のポイント

　みんなの困りごとを解決するため，「困りごとシート」に未解決の困りごとの改善状況を見える化するとともに，掲示板に一覧化して共有している．

- みんなの困りごとを一覧にし，テーマバンク化している．
- テーマ候補を蓄積するだけでなく，すぐに改善できるものは即実施し，PDCA を回す必要があるものは「困りごとシート」で確実に改善を実施している．
- さらに，全体の困りごとの改善状況を掲示板にまとめ，改善の進め方や技術力向上に役立てている．
- テーマ候補を蓄積すると同時に，困りごとは早く解決しようとのサークルの想いが，一石二鳥の効果を生んでいる．

5-3 パターン3：上位方針を掘り下げてテーマ選定する

　QCサークルによる改善活動の主な対象は，職場の6大任務であるQCDSMEになります．QCDSMEは，よりよい仕事の結果を生み出す要素となり，その根幹は「仕事」そのものといえます．そして，自分たちの職場の役割を再確認する中で，「仕事」のあるべき姿やこれからの方向性を見つめ直すことが大切です．

　今の職場の実態とこれからあるべき姿をよく理解しているのは，職場の長である管理・監督者の上位職です．上位職の方針を自分たちのQCサークル活動に反映することで，仕事や職場，ひいては企業・組織のレベル向上に繋がりが強くなるといえます．

　この主旨から，上位方針を掘り下げてテーマ選定する方法を紹介します．

(1) どんなときに適用するのがよいか

　テーマ選定の基本においても，問題・課題を洗い出す着眼点に「上位方針」は含まれていますが，着眼点を「上位方針」に絞ることは，それだけ要求されるレベルや範囲も広くなります．なぜならば，上位方針には，自職場の管理・監督者の上位である部長や経営者の方針も含まれているからです．

　したがって，上位職の方針をどう自分たちの改善活動のテーマにふさわしいテーマまで掘り下げるかがポイントとなります．

1) QCサークルの実力がついてきたとき

　実力とは，そのテーマに取り組んで解決できる力量のことです．実力には，専門技術力とQCなどの管理技術力のみでなく，メンバーの問題意識が高まっていないと活動途中で投げ出すことになりかねませんので，QCサークルのこれらの実力をよく見極めてチャレンジすることが大切です．

2) より難しい問題・課題に挑戦するとき

職場や組織により大きな貢献をしたいときに効果的なテーマ選定の方法です．

3) 上位方針が伝達されるとき

期初に伝達される上位方針には，方針の展開も同時に示されるので，自職場の役割や目標値をとらえやすいので，ここで適用するのが効果的です．

(2) どんな手順を踏めばよいか

1) 上位方針の情報を集める

期初に伝達される上位方針である，部長方針書を含め，主に所属課長の年度活動計画書(実行計画書ともいう)や関連する帳票類，たとえば，重点活動を示したもの，スケジュール管理票など，上位方針に関する情報を収集します．また，上位方針に関する情報収集が難しい場合には，直接，上司から情報と説明を得ることも大切です．

2) 自サークルに関係した方針を整理し絞り込みと優先順位を決める

集めた上位方針に関する情報から，自分達のサークルが担うべき課題(上位から課せられたテーマの意味)は何かを整理し抜き出します．上位方針から抜き出した関係する課題を，自サークルの年間活動方針・計画書や小集団の実力とから，マトリックス図などを用いて評価し，取り組む課題の絞り込みと仮の優先順位を決めます．

3) 取り組む課題(テーマ候補)の要求度合を確認する

取り組もうとする仮の課題について，そのままサークルで取り組むにふさわしい内容なのかを見極める必要があります．具体的には，課題の要求度合(目標など)を把握します．課全体で取り組まないと達成は無理なケースなのか，関連部門とで成しえる課題かもしれませんので，上司に要求度合を確認します．このような場合には次のステップに進みます．要求度合が適切な場合には，テーマ名の検討に進みます．

4) 必要によりさらにテーマ候補をブレークダウンする

　課題の要求度合が過度な場合には，自分達が取り組むにふさわしいものにブレークダウンできないかを検討します．また，課題が複数あり，その一部を担うことができないか，活動過程のある段階を担えないかなど，上司やスタッフと話し合うことをお勧めします．

5) テーマ名をつける

　上位方針から自分たちが取り組むにふさわしい課題が決まったら，具体的にテーマ名をつけ，改善活動に入ります．

　なお，複数の課題を設けた場合には，同時に取り組む，次回のテーマにする，あるいはその後のテーマ選定の際のテーマ候補にするなど，全体の活動の状況を見ながら取り組みます．

(3) 注意や工夫すべき点

1) 上位方針にある課題をそのままテーマにしない

　上位方針に，QCサークルで取り組んでもらいたい課題が設定されている場合以外は，上位方針にある課題をそのままQCサークルのテーマにしないよう，要求度合の確認が必要です．

2) 過大な要求度合は必ずブレークダウンする

　課題の要求度合が過度な場合は，QCサークルで取り組めるものは何か，上司やスタッフと一緒にブレークダウンを必ず行います．

3) 日頃から上位方針に対し自分たちが役割を担っているかチェックする

　上位方針が示される期初の段階にだけ関心をもつのではなく，日ごろから，上位方針の達成にどれだけ貢献しているかについて，振り返ることが大切です．都度の状況によりテーマ候補に織り込み，上位方針をみんなで達成してください．

(4) 参考事例・工夫例

「上位方針を掘り下げてテーマ選定する」方法を実際の QC サークルがどのように進めているか，ある体験事例から見てみましょう．

【事例6】テーマ：部品反転搭載不良の撲滅
日立オートモティブシステムズ㈱　群馬事業所　サポートマンサークル

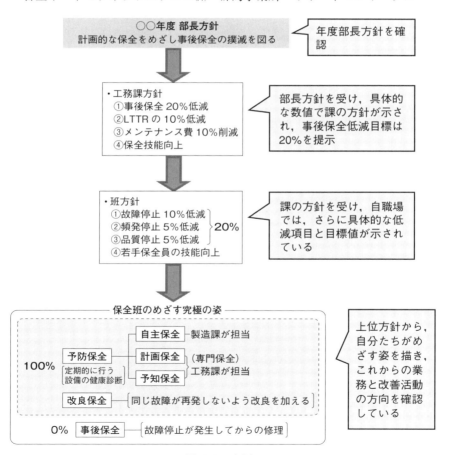

図 5.7　事例 6

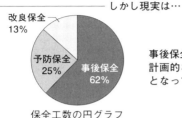
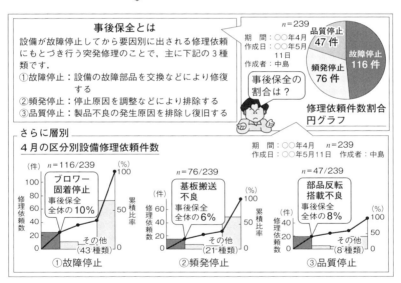

図 5.7　事例 6(つづき 1)

第5章 さまざまな視点による問題・課題発見の実際

事後保全の実態からわかった問題点をマトリックス図で評価・優先順位づけし、今回の改善テーマを決定している

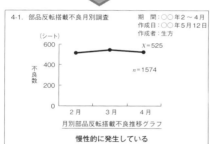

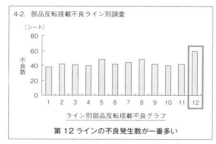

テーマ選定後、このテーマに潜む問題がないかについて、不良発生の推移とライン別発生状況を確認している。この後の改善活動の方向もテーマ選定時につかんでいる

図 5.7　事例 6(つづき 2)

出典：日本オートモティブシステムズ㈱ We are One 小集団改善活動事務局グローバル教材プロジェクト編，『実例で学ぶ小集団改善活動の進め方・まとめ方』，日科技連出版社，2015 年．

5-4 パターン4:職場の徹底調査から問題・課題を洗い出す

　前述のパターン3「上位方針を掘り下げてテーマ選定する」方法を，さらに組織的に現場(職場)を三現主義で徹底調査し，問題・課題を洗い出して改善テーマ候補を具体的に洗い出す方法です．

　洗い出した改善テーマ候補は，大きなテーマから身近なテーマまでさまざまであるため，整理して管理・監督者が担当するもの，スタッフが担当するもの，そしてQCサークルが担当するものなど，分担して取り組むことになります．

(1) どんなときに適用するのがよいか

　この洗い出し方は，サークルが自主的に実施することもできますが，管理・監督者とともに幅広い視点から問題・課題を洗い出し，上位方針を達成することを主眼とする場合には，部や課など組織の仕組みとして取り組むのが効果的です．

　したがって，QCサークルとしては，組織が調査を実施するときに積極的に参加します．自分達では気づかない改善テーマを見つけることもできますし，テーマそのものも具体的かつ迷いなく設定できます．また，管理・監督者とともに議論することから，職場が向かうベクトルも合わせることができますし，実際の改善活動への大きな支援も期待できます．

(2) どんな手順を踏めばいいのか

　部や課の組織全体としてQCサークルも参加する場合には，組織の仕組みに従って実施します(後述の参考事例参照)．

　下記にQCサークルが自主的に取り組む場合の手順の例を示しますので，参

考にして独自の工夫を織り込んでください．

なお，この方法を実施する時期は，上位方針が提示される期初段階が望ましく，新たな視点で取り組めます．また，新テーマ選定時においても，現場を三現主義でくまなく観察することは効果的です．

1) 上位方針から自職場・QC サークルが担うべき項目を確認する

上位の年度方針や活動計画書から，自分たちが担うべき項目や要求度合を確認しておきます．期の途中の場合には，自分たちが担っている改善活動の進捗状況や残っている問題・課題を明確にしておきます．

2) 現場徹底調査のための実施計画を作成する

上位方針を考慮しながら，重点調査項目や工程，参加者と役割分担(リーダーや記録者)，スケジュールなどを検討し作成します．上司に実施計画を説明し，了承と協力を依頼します．

3) 実施計画書どおりに調査する

問題・課題を見つける，というより，「この部分の時間をあと1分短縮する」というように，具体的な改善テーマ候補を見つけるようにするのがポイントです．

4) 現場実施調査の結果を整理する

見つけた改善テーマ候補を，上位方針の項目ごと，あるいはQCDSMEなどで整理します．

5) 現場調査で洗い出した改善テーマ候補を評価し絞り込む

マトリックス図を用いて，改善テーマ候補を評価・絞り込む，または事実・データで確認するなどのやり方でテーマを選定します．評価・絞り込んだテーマは，自分たちのサークルが取り組むには荷が重すぎるもの，すぐに改善提案で対応できるもの，などを見極め，必要により上司や関係者に相談し，対応します．

(3) 注意や工夫すべき点

部や課が主導する現場徹底調査で抽出された改善テーマを，QC サークルに

よる改善活動で担当する場合，年間のすべてのテーマをこの方法で選定するのが好ましいのか，上司や関係者と調整も必要です．サークルの身の周りに存在する悩みや困りごとにも重要な問題も多く，ある程度バランスがとれたテーマ配分が必要です．

(4) 参考事例・工夫例

部・課など組織をあげて取り組んでいる事例，そして職制とリーダーの合議でテーマ選定し，改善活動を共有している事例を紹介します．

【事例7】改善アイテム発掘ツアーでしっかり改善テーマを選定
日産自動車㈱　追浜工場　塗装課

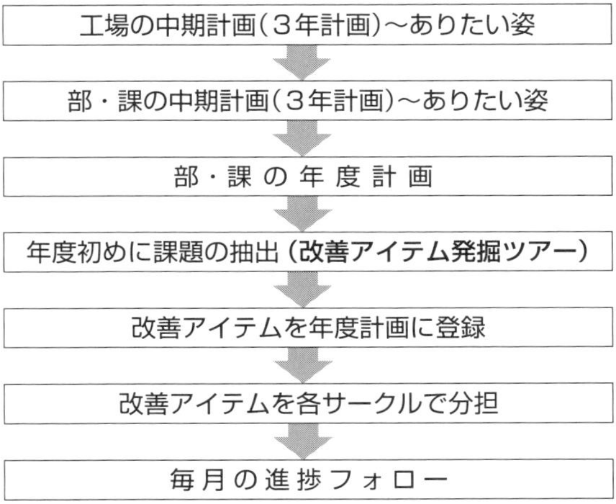

```
工場の中期計画（3年計画）～ありたい姿
         ↓
部・課の中期計画（3年計画）～ありたい姿
         ↓
      部・課の年度計画
         ↓
年度初めに課題の抽出（改善アイテム発掘ツアー）
         ↓
    改善アイテムを年度計画に登録
         ↓
    改善アイテムを各サークルで分担
         ↓
       毎月の進捗フォロー
```

改善アイテム発掘ツアーの位置づけ

図5.8　事例7

出典：『QCサークル』，No.585，日本科学技術連盟，2010年．

第5章 さまざまな視点による問題・課題発見の実際

> **事例7のポイント**
>
> 　大幅な原価低減目標達成に向け，どんな塗装ラインとなる必要があるか議論して具体的な目標を決め，方針管理でその目標をブレークダウンしている．
>
> ....
>
> - 「改善アイテム発掘ツアー」と称して課の管理者・監督者全員で，年度はじめに現場を見て回り，目標達成のための具体的な改善テーマを決めている．
> - その改善テーマを登録し，年度計画に組み込んで，各サークルが分担してテーマ解決に向けて活動を展開している．

【事例8】サークルと職制が嬉しさを共有できるテーマ選定

アイシン・エィ・ダブリュ㈱

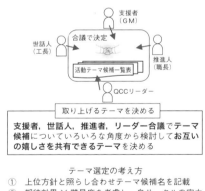
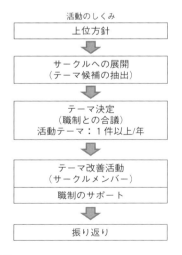

図 5.9　事例8

資料提供：アイシン・エィ・ダブリュ㈱

> **事例8のポイント**
>
> 　上司など職制がＱＣサークルに対する想いを，活動テーマに込めて改善活動に取り組んでもらうため，リーダーと職制がとことん話し合い，お互いに嬉しさを共有できるテーマを取り上げている．
>
> ・・・
>
> - 「人づくりと現場力強化」をねらいに，ひとり一人が成長を実感する，情報の共有化，話し合いを通じたチームワーク，管理・監督者のサポート，を実現できるテーマ選定を行っている．
> - そのための活動のしくみは，あくまでも上位方針をベースに，テーマ候補を職制との合議で，そのサークルの実力に合ったテーマを取り上げている．
> - そのキーは，「お互いが嬉しさを共有できる」であり，テーマ選定における大切な共通のポイントとなっている．

5-5　パターン5：顧客や後工程のニーズと職場のミッションを整理し，テーマ選定する

　「顧客重視」は，QC（品質管理）の根幹をなすものです．それだけに，QCサークルの改善活動も「顧客重視」に沿うものにしたいものです．そして今，自分達が取り組んでいる改善テーマが，顧客のニーズに対応しているのかどうか，ひいては顧客の満足に結びついているのかどうかが気になる点です．社会や経済の環境は目まぐるしく変化しています．その中で，顧客のニーズを的確にとらえ，職場として，またQCサークルで適切に対応することが求められます．

　パターン5は，これらの変化し続ける顧客のニーズに対して，あるべき職場のミッション（役割や使命）を整理し，リセットすることで新たな改善活動の方向と改善テーマを見出そうとする方法です．なお，顧客と身近に接している職

場では，この方法は特に効果的ですが，そうでない職場では，顧客を「後工程」と置き換えることで，同様の成果が期待できます．

(1) どんなときに適用するのがよいか

上位方針には，顧客のニーズの変化とその対応が示されており，普段は上位方針に沿ったテーマ選定でよいといえます．しかし，顧客のニーズが大きく変化したとき，あるいは職場やサークルの構成が大きく変わったときなどは，顧客のニーズと職場のミッションを整理し直すことで，これからの職場やQCサークルの活動の方向を見出すことができます．

具体的には，次のようなケースでの適用が考えられます．

① 社会や経済などの環境変化に伴い，顧客のニーズも変化が激しく，その対応に職場やQCサークル活動で対応を検討すべきとき
② 経営環境の変化が著しく，経営ニーズの変化に職場で対応を検討すべきとき
③ 職場やサークルの構成に大きな変化があったとき，またはまったく新規に構成されたとき
④ QCサークルでの改善活動を長年継続してきたが，改善テーマは毎回似たようなもので成果も目立たず，活動の方向も定まらないとき．

(2) どんな手順を踏めばよいか

顧客のニーズを的確に把握することは誰もができるわけではなく，少なくともQCサークルの単位では困難ですので，ここでは，専門の部門が把握した情報を活用することにしています．

1) 現在の自分たちの職場のミッションは何かを整理する

職場の業務は，業務分掌で定められているのが普通です．今の職場のミッションは何なのかを業務分掌から具体的に確認します．担うべき職場のミッションに対し，抜けがないか，不十分な業務は何かをマトリックス図などを用

いて整理します．また，業務の内容を的確に把握する方法として，「業務機能展開」がありますので，専門書を参考にしてください．

2) 顧客や経営ニーズの変化情報を入手し，整理する

　顧客や経営ニーズの変化は，上位方針や部門の活動計画書などの他に，マーケティングなどの専門部門から詳しい情報を入手します．また，先に把握した職場のミッションの一覧に，新たに入手した情報から，自職場の業務で担うべきミッションを追記します．

3) 変化情報と職場ミッションを照らし合わせ，新たな問題・課題を抽出する

　変化情報を織り込んだ職場のミッションから，これから取り組むべき問題・課題を抽出します．そして，今後，進むべき改善活動の方向が見出せないか検討します．

4) 今後取り組むべき問題・課題からテーマ選定する

　今後，取り組むべき問題・課題の優先順位をつけ，テーマ選定して取り組みます．

(3) 注意や工夫したい点

1) 現状の果たすべき職場のミッションをしっかりと整理する

　定められた業務分掌を自職場のミッションに展開し，実施状況を評価するだけでも，問題・課題を抽出することができますので，まずは現状の職場のミッションを整理することを優先します．

2) 後工程の御用聞きを忘れない

　営業・販売・サービス部門では，顧客と接する機会が多いため，顧客のニーズの変化をとらえやすいものの，そうでない部門では，後工程に対する満足度や自職場に対するニーズの変化をとらえるようにします．その際には，後工程に出向いて「御用聞き」することが効果的です．また，後工程には上司も含まれます．

3) ニーズの変化から今後の職場やQCサークル活動の方向性を見出す

顧客ニーズや経営ニーズ，そして後工程のニーズの変化の情報は，自職場が担うべきもの，そうでないものを区別する必要があります．その際に，上司や関係者でよく検討します．そのうえで，今後の職場の業務のあり方を変えていく必要性についても，一緒に検討します．

たとえば，今までの事後保全中心の業務から，予防保全中心の業務に変えていく，などがあります．

(4) 参考事例・工夫例

前述のパターン3「上位方針を掘り下げてテーマ選定する方法」で示した事例もこの方法での好事例といえますが，身近な取組みでの事例を以下に示します．

【事例9】テーマ：鋳造部に喜んでもらえるサークルになろう！
トヨタ自動車㈱　K−1サークル

図 5.10　事例 9

出典：『第 42 回全日本選抜 QC サークル大会発表要旨集』，QC サークル本部，2012 年．

> **事例9のポイント**
>
> 　鋳造部品測定を担当するサークルが，単に測定結果を鋳造部へ連絡するだけでは役割を果たしていないことに気づき，鋳造部と連携を深め，真に役立つ職場のミッションを充実して取り組んでいる．
>
> ....
>
> - 後工程の鋳造部の困りごとを収集するため，コミュニケーションボードを設置したり，直接現場へ出向いて情報収集するなど，積極的な行動や工夫がされている．
> - 後工程である鋳造部の小さな困りごとからコツコツと解決することで，信頼関係を築いている．

5-6　パターン6：将来を見据えてリスクを軽減するテーマを選定する

　私たちが改善活動に取り組んでいるテーマの多くは，すでに発生している問題について，その原因を特定し，二度と起こらないように再発防止するものです．一方，今は表面化していないが，将来に発生しうるトラブルや事故にはどう対応すればいいのでしょう．

　トラブルや事故を未然に防止するアプローチとして，「未然防止型QCストーリー」を適用できます．トラブルや事故の原因が技術的に未知のものである場合への未然防止は困難ですが，他の場所で経験済みで対応したノウハウが存在する場合には，似たようなトラブルや事故を未然に防止することができます．この考え方を活用したのが「未然防止型QCストーリー」です．

　主なテーマ例としては以下があります．

- 人に起因する（ヒューマン・エラー）トラブル・事故の防止
- 重大な事故・災害・安全などの未然防止

さまざまな視点による問題・課題発見の実際　第5章

- 自然災害時における障害発生の防止，など

　なお，未然防止の取組みは，まだ起こっていない問題に取り組むため，専門的な取組みとなり，活動期間も長くなります．活動間もない小集団にとっては難しいテーマといえますが，実力をつけて取り組んでいただきたいテーマです．

　本書では概略の紹介としますが，「未然防止型QCストーリー」の概要は第3章を参照いただき，詳細は専門書や『QCサークル』誌の連載講座（2013年7月〜12月号，2016年7月〜12月号）または「品質月間テキスト　No.392」，（2012年）を参考にしてください．

第6章

問題・課題発見のための
チェックリスト

本章では，問題・課題を発見する際に有効な観点（目の付け所）のチェックリストや，テーマ例を紹介します．

6-1 職場の6大任務(QCDSME)でチェックする

　第2章で紹介したとおり，職場の仕事を遂行するために考慮しなければならない6大任務(QCDSME)があります．そして，この6つの視点において，さまざまな問題・課題が発生しています．

　まずは，表6.1を使って，職場の状況やニーズに合わせながら，職場の問題・課題を6大任務に沿ってチェックすることをお勧めします．

表6.1　「職場の6大任務」チェックリストとテーマ例

1. 品質(Quality)＝製品品質，作業品質の改善	
不良は減っているか	【テーマ例】 ・不良品の発生防止テーマ ・工程能力のレベルを上げるテーマ ・よりよい基準や手順に変えるテーマ ・試験法の精度を向上させるテーマ ・作業ミスや手戻りを防止するテーマ ・サービスの質を改善し，顧客満足度を向上させるテーマ
手直しは減っているか	^
廃却は減っているか	^
クレームは減っているか	^
ばらつきは大きくないか	^
かたよりは大きくないか	^
ミスは発生していないか	^
異常は発生していないか	^
2. 原価・価格(Cost)＝原価の低減	
経費は節約されているか	【テーマ例】 ・経費の削減につながるテーマ ・原材料の価格低減につながるテーマ ・原単位の改善につながるテーマ ・財務指標の改善につながるテーマ(在庫，債権，投資など)
能率は上がっているか	^
工数は減っているか	^
ムダな仕事はしていないか	^
時間は有効に活用しているか	^
原材料のムダ使いはないか	^
原単位は下がっているか	^
生産性は上がっているか	^

第6章 問題・課題発見のためのチェックリスト

表6.1 「職場の6大任務」チェックリストとテーマ例(つづき1)

3. 量・納期(Delivery)＝生産性改善，作業時間短縮	
生産量は予定どおりか	【テーマ例】 • 作業工数の低減テーマ • 生産能力向上テーマ • サプライチェーン全体にわたるリードタイム短縮テーマ • 作業効率改善につながる3Sテーマ
納期遅れはないか	
過剰在庫はないか	
数量違いは減っているか	
故障は減っているか	
作業スピードは上がっているか	
工期は短縮されているか	
手順は簡素化されているか	
4. 安全(Safety)＝保安防災，労働安全衛生の改善	
災害は減っているか	【テーマ例】 • 設備仕様や作業の見直しにより保安レベルを向上させるテーマ • 危険作業や危険箇所をなくす，あるいは減らすフールプルーフのテーマ(FP化テーマ) • 職場の労働環境を改善するテーマ • 従業員の健康管理状態を改善するテーマ
疲労度は改善されているか	
職場環境は改善されているか	
整理・整頓されているか	
安全装備は装着されているか	
危険物の取り扱い，保管方法はよいか	
危険区域は明示されているか	
衛生管理は適切か	
5. 士気(Morale)＝職場や個人のモラルアップ	
人間関係はよいか	【テーマ例】 • 職場の風土改革に関するテーマ(3Sの定着を含む) • 従業員教育，スキルアップに関するテーマ • 地域に対して人道的見地で貢献するテーマ
やる気は向上しているか	
改善活動は活発か	
改善提案は活発か	
出勤率はよいか	
職場の5Sは行き届いているか	
相手のことを考えて仕事しているか	
働く喜びを味わっているか	

表 6.1 「職場の 6 大任務」チェックリストとテーマ例（つづき 2）

6. 環境（Environment）＝環境の維持・改善	
エネルギーは節約されているか	【テーマ例】
包装資材は節約されているか	・包装材料の削減テーマ
輸送方法が検討されているか	・輸送方法の見直しテーマ
職場の緑化は工夫されているか	・地球温暖化対策，CO_2 排出削減につながるテーマ
騒音・臭気・粉塵は減っているか	・排出物質低減テーマ
排出物は減っているか	・地域の環境改善に貢献するテーマ

6-2 職場の 5M＋1I でチェックする

「5M（Man, Machine, Material, Method, Measurement）」の着眼点は，製造現場を想定して抽出されたものです．しかし，製造現場以外の職場でも応用できる点は多くありますので，参考にして下さい．たとえば「機械・設備」については，事務所の OA 機器に置き換えて着想してみましょう．

ここでは「情報：Information」も加え，5M＋1I のチェックリストとしました（表 6.2 参照）．

表 6.2 5M1I のチェックリスト

1. 作業者（Man）		
	標準を守っているか	経験を積んでいるか
	仕事の能率はよいか	配置は適正か
	問題意識はあるか	向上意欲はあるか
	責任感は旺盛か	人間関係はよいか
	技量をつかんでいるか	健康状態はよいか

表6.2 5M1Iのチェックリスト(つづき)

2. 機械・設備(Machine)	
生産能力にあっているか	精度不足はないか
工程能力は十分か	異常音は出ていないか
給油は適切か	レイアウトは適当か
点検は十分か	数に過不足はないか
故障停止はないか	整理・清掃はされているか
3. 材料・部品(Material)	
数量違いはないか	ムダづかいはないか
等級違いはないか	取り扱いや保管方法はよいか
銘柄違いはないか	仕掛かりは放置されていないか
異材混入はないか	配置はよいか
在庫量は適切か	品質水準はよいか
4. 作業方法(Method)	
作業標準の内容はよいか	順序は適正か
作業標準は改訂されているか	段取りはよいか
安全にやれる方法か	温度・湿度は適切か
よい品物ができる方法か	照明・通風は適切か
能率の上がる方法か	前後工程とのつながりはよいか
5. 測定・計測(Measurement)	
測定標準の内容はよいか	機器の保守・管理の方法は適正か
測定標準は改訂されているか	機器の保守・管理の時期は適正か
測定標準は守られているか	測定条件は正しく設定されているか
安全な測定方法か	変動条件(時間,湿度,圧力,電圧,電流など)の条件管理は適正か
能率の上がる測定方法か	
6. 情報(Information)	
情報伝達の流れはよいか	新製品開発に関する情報の精度・充実度はよいか
資料・データの管理状態はよいか	
市場ニーズの動向に関する情報の収集と管理状態はよいか	販売予測に関する情報の精度・充実度はよいか

6-3 「3ム」でチェックする

3ム(ムダ,ムラ,ムリ)がないかという観点で,現在の仕事の進め方や,設備,工程などをチェックすると,問題・課題が明らかになって,改善すべき点が見えてきます(表6.3参照).

表6.3　3ムのチェックリスト

1. ムダはないか					
	人員に		設備に		在庫量に
	技能に		治工具に		場所に
	方法に		資材に		考え方に
	時間に		生産量に		運搬に
2. ムラはないか					
	人員に		設備に		在庫量に
	技能に		治工具に		場所に
	方法に		資材に		考え方に
	時間に		生産量に		運搬に
3. ムリはないか					
	人員に		設備に		在庫量に
	技能に		治工具に		場所に
	方法に		資材に		考え方に
	時間に		生産量に		運搬に

第6章 問題・課題発見のためのチェックリスト

6-4 実際の QC サークルのテーマ例

(1) 『QC サークル』誌に見るテーマの取り上げ方の例

ここで，2011 年 1 月号の『QC サークル』誌「特集：新しいテーマに挑戦しよう！」で取り上げられた事例の一部を紹介します．

業種や担当業務はさまざまですが，どの職場においても参考になるテーマ選定の工夫が見られます．

事例 1　問題・課題を解決するために，メンバーの技能や改善能力向上に努めている

事例 2　「仕方ない」と諦めていた点を新たな視点で見直し，問題として取り上げている

事例 3　目のつけ所を変えて，従来のやり方を変えている

事例 4　課題を先取りしてテーマに取り上げている

事例 1	特許業務法人　オンダ国際特許事務所 図面部　東京グループ　S-Pro サークル
テーマ名	意匠図面のシェーディング加工を内製化する！
ポイント	スキル向上と標準化で，外注作業の 100％内製化に挑戦
[Before] 　近年増え続けている外国への特許出願依頼．米国への意匠（デザイン）出願には図面に特殊な陰影加工（シェーディング）が欠かせず，すべて外注していましたが，経費圧迫の要因となっていました． [After] 　外注図面の研究によるメンバーの知識・技能向上と，誰でも簡単に高品質な図面が描けるテンプレートやマニュアル作成による標準化の結果，初めて内製化を実現．大幅なコストダウンを実現しました．	

事例2	グローリー㈱ 品質・環境推進部　開発支援グループ　ハロー大豆サークル
テーマ名	ねじコード登録作業不備ゼロへの挑戦！
ポイント	「これは仕方ない」と諦め慣らされていませんか？仕事を新しい目で見つめ直し，問題を問題としてとらえた事例です．

[Before]
　メンバーが担当する社内使用ネジデータの管理において，設計者からの登録依頼書に多くの不備があり，システム登録時の手直しによるムダ・ムラ・ムリが発生していました．
[After]
　「仕方ない」とあきらめていた前工程からの不備を，新たな目で見直して改善に繋げました．「依頼書の改善」「設計者への教育」「新規関連情報の提供」に問題点を層別し，正攻法で確実に対策を実行．60%以上の不備をゼロ件にしました．

事例3	ジヤトコ㈱八木・京都工場　京都製造課　箱入り息子サークル
テーマ名	RA5　CV/H（コンバータハウジング）生産台数 時間当たり20台への挑戦
ポイント	IEとQCの融合に挑戦

[Before]
　自動変速機外壁カバーの機械加工時に雑多なバリが発生．組付時の密閉性を保つために全品バリ取り作業を行っていましたが，身体への負担が大きい3K作業でした．
[After]
　バリ取り作業を「減らす」のではなく「完全になくす」ために，関係部署の知恵を結集し，バリを発生させない最適加工条件を模索．IE的改善要素をQC的に展開しました．

事例4	日産自動車㈱ 追浜工場　工務部　工務課　ヤングアタックサークル
テーマ名	プレス工場 No.1 ライン　段取りロス低減への挑戦 クッション圧力昇圧待ち時間ロス'ゼロ'
ポイント	課題先取りの攻めの保全で，段取りロス低減に挑戦

[Before]
　このサークルが所属する工務課は，自動車部品のプレス工場で設備の保全を担当しています．工務課の業務は，顕在化した設備故障への対応が中心でした．
[After]
　「これからは顕在化した設備故障だけでなく，課題先取りの攻めの保全も必要だ！」との思いから，設備効率化(ロス低減)に挑戦．関連職場と連携して，プレス工場の段取りロスの中でもっとも大きな「クッション昇圧待ち」を改善し，84分からゼロにすることに成功しました．

　これらの事例は『QCサークル』誌に特集として掲載されたものですが，同誌には毎月必ず実際の改善事例が掲載されています．テーマ選定に行き詰ったときは，手に取って眺めてみると，ヒントを得られるかもしれません．

(2) QC サークル京浜地区大会発表事例に見るテーマの取り上げ方の例

　2007〜2014年度までに，QCサークル関東支部京浜地区で発表されたテーマ235件を調査し，そのテーマで得られた効果をQCDSEの別に分類し，表6.4に示しました．その比率を表したのが図6.1の円グラフです．なお，M：Moraleはすべての改善事例で効果が得られているため，すべて当てはまるものとして扱い，分類には入れていません．
　また，QCサークル京浜地区は，本社部門が多く，販売部門の発表も多いという特性がありますので，D(Delivery)には拡販などのテーマも含みます．

表 6.4 QCサークル京浜地区発表事例のテーマ分類の一例

分類	職場の分類	テーマ名	企業名	サークル・チーム名
品質：Q	製造・技術・品証	U-6 塗布工程におけるファウンテン汚れ発生件数の撲滅	コニカミノルタエムジー㈱	ちえのわ
	製造・技術・品証	海外新法規を先取りしたキャブ強度の新たな試験方法の確立～業務課題への取り組みで、サークル運営力アップをはかろう～	日野自動車㈱	インパクト
	製造・技術・品証	自動車エンジン用ベアリング外輪 内径研磨 NG 削減	㈱ジェイテクト	みりおん
	保守・保全	YD ヘッドライン FTL ラックフィーダ信頼性向上	日産自動車㈱	文殊の知恵
	事務・間接	意匠図面のシェーディング加工を内製化する！	オンダ国際特許事務所	S-Pro
原価：C	物流・倉庫	コマツ インドネシア工場向け物流コスト改善	コマツ物流㈱	ノックダウン
	事務・間接	研修運営費コストの削減	㈱TMJ	Team Passion
	保守・保全	気づきからはじまった設備改善とコストミニマムへの挑戦	日本ゼオン㈱	東天紅
	製造・技術・品証	もったいない意識で改善した「室内モデル材料費低減」	日野自動車㈱	ウッディ
納期拡販：D	製造・技術・品証	水平継手面加工 作業時間短縮への挑戦	㈱東芝	BK-KING
	保守・保全	トンネル点検の変状検査時間を短縮しよう	東海旅客鉄道㈱	闇夜のカラス
	製造・技術・品証	塗布作業における慢性残業時間のゼロ化	コニカミノルタエムジー㈱	ぽんぽこ
	事務・間接	KM グループプロセス改善発表大会における聴講者数の増大	コニカミノルタビジネスエキスパート㈱	プロセス改善進め隊
	販売	東北エリアにおける"GC 友の会歯科衛生士会員"新規入会獲得	㈱ジーシー	GC 東北チーム家族
安全：S	製造・技術・品証	海外出荷用荷姿の運搬作業時の品質ヒヤリ撲滅	日産自動車㈱	インスペクション
	物流・倉庫	外来さん、カンバンわ！～ヤード内における外来トレーラーによるレーン間違い防止～	㈱ダイトーコーポレーション	安全小委員会
	物流・倉庫	フォークリフトプロパンボンベ交換時における重筋作業の撲滅	日野自動車㈱	どんまい
	サービス	駐車場内逆走の撲滅	セントラル警備保障㈱	Y SAT-KOS
環境：E	製造・技術・品証	インテークマニホールド部品組み付け不良防止策～ナット圧入不良を撲滅して廃棄品を減らせ～	トヨタ紡織㈱	マルボロ
	保守・保全	水処理場砂濾過塔圧力異常撲滅による環境事故未然防止	日産自動車㈱	グリーンベレー
	事務・間接	テクノセンターにおける総使用電力の低減	㈱ジーシー	テクノ

第6章　問題・課題発見のためのチェックリスト

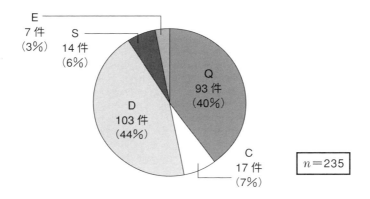

図 6.1　QC サークル京浜地区の発表事例テーマ内訳

　ここで紹介したのは，発表された事例のごく一部に過ぎませんが，事務・販売・サービス部門でも，安全や環境への取組みなど，幅広い活動の可能性があることがわかります．

　テーマ名だけではわかりにくい点もあるかもしれませんが，実際に発表を聞くと，そのサークルの苦労，改善に対する情熱，そして堂々とした発表姿勢に驚かされるはずです．ぜひ，最寄りの地区の発表会に足を運び，事例発表を聞いてみて下さい．各支部・地区の行事情報は，（一財）日本科学技術連盟のWeb サイトや，『QC サークル』誌の巻末コーナーから得ることができます．

　皆さんの職場にも，取り組むべき問題・課題はたくさんあるはずです．本書で紹介した事例や，チェックリストなどを参考にして，皆さんの職場の困りごとを解決してみませんか．

付　録

『QCサークル』誌掲載事例のテーマ一覧表

1. テーマ一覧表の見方

　付録のテーマ一覧表は，『QC サークル』誌の掲載事例（2000 年以降）をまとめた「総目次（体験事例・ワンポイント事例一覧表）」からテーマ名をピックアップし，職種ごとにまとめたものです．

項　目	内　容
掲載号	例えば，「2005 ④」は，『QC サークル』誌 2005 年 4 月号に掲載された事例を示します．
テーマ名	『QC サークル』誌の掲載テーマ名です．
企業（団体）名・サークル名	企業（団体）名は，法人表記は省略して，『QC サークル』誌に掲載された当時のものを記載しています．
業種／仕事内容	『QC サークル』誌の総目次に掲載された内容です．

2. 職種の分類と活用方法

　200 件のテーマ例を 11 職種の分類別に掲載しました．ご自分が所属する職種はもちろん，また，異なる職種でもテーマ名のつけ方や，応用可能な目の付け所などがあります．テーマ選定に行き詰ったときや，悩んだときにはこの一覧表を活用ください．

3. 参考情報

　『QC サークル』誌の総目次は，毎年 12 月号の巻末に掲載されています．その中の「体験事例・ワンポイント事例一覧表」では，各事例のテーマ名だけでなく，内容概略や用いている手法も紹介されています．

　なお，『QC サークル』誌の総目次は，（一財）日本科学技術連盟の Web サイト上でも閲覧可能です．

　　◆（一財）日本科学技術連盟 Web サイト 『QC サークル』誌紹介ページ
　　　http://www.juse.or.jp/qc_circle/

『QCサークル』誌掲載事例のテーマ一覧表　付　録

1. JHS-1　事務間接（総務・人事・経理・安全管理・その他）

掲載号	テーマ名	会社・サークル名	業種／仕事内容
2005 ④	冬季駐車場区画制作業時間の低減	トヨタ自動車　K-1サークル	輸送機器／保安
2005 ⑧	温かい夜勤食を提供しよう！	ぺんてる　よろずやサークル	文具／厚生
2006 ⑨	受信者にわかりやすいメールをつくろう	GAC　いーメールサークル	機械部品／総務
2007 ②	事務用品管理ピフォー・アフター　みんなに喜ばれる事務用品の管理	アストム　ひまわりサークル	電気機器製造／管理
2007 ⑨	MG生産センターのMROにおける発注時間の削減	コニカミノルタエムジー　ハーモニーサークル	精密機器製造／資材調達
2008 ②	水利のない場所での消火作業の確立	トヨタ自動車　ザ・ガードマンサークル	輸送機器製造／保安
2009 ⑧	「その他案件」のファイル保管量を減らす！	オンダ国際特許事務所　スキルアップサークルズサークル	専門サービス業／特許事務所
2010 ①	これでOK！育児休業　安心して育児休業を取得するには	白鶴酒造　やっと出たサークル	酒類製造／労務・人事
2010 ②	ストレスチェックの円滑な実施を目指して‼　健康診断時の待ち時間の低減	アスモ　エンジェルサークル	輸送機器部品／総務
2010 ⑤	派遣業務スタッフの帰属意識活性化	テレマーケティングジャパン　ZATサークル	労働者派遣／管理
2010 ⑤	受発注時のトラブルを防ごう　受発注業務の見える化	タカノ　急吟着サークル	生活用品／生産管理
2010 ⑦	アイ・スタジオ社内のプリンター・コピー機における放置書類の撲滅！	博報堂アイ・スタジオ　ピックアップ王子サークル	映像情報／製造
2010 ⑨	経理　会計伝票発止の実現　目指せ所定内工数の有効利用	長野電子工業　Teaたいむサークル	電気機器／経理

掲載号	テーマ名	会社・サークル名	業種／仕事内容
2011 ⑦	倉庫棚卸業務の時間短縮	沖縄ガス　HA⁴サークル	ガス供給／経理
2012 ⑤	中国倉庫での生産活動における生産管理工数の削減	コニカミノルタビジネステクノロジーズ　チームA型？サークル	業務用機器製造／生産管理
2012 ⑥	MRP発注業務における処理時間の低減	コロナ　パッションサークル	金属製品／生産管理
2013 ①	多能化による個人のスキルUPと連携力アップ	コニカミノルタサプライズ関西　よろずや本舗サークル	事務用機器部品製造／事務
2014 ③	期間従業員・早期退職者の低減	エクセディ　エルニーニョサークル	輸送機器部品製造／人事／総務
2014 ④	補給売上処理工数低減	昌和合成　D51サークル	輸送用機器部品製造／製造事務
2014 ⑧	ダイエット the 人事業務！～異動業務をスリムにしよう！～	パナソニック　松本一家サークル	電気機器製造／人事／総務
2015 ⑩	証明書作成における受渡し日数短縮	トヨタ生活協同組合　パーソンズサークル	協同組合／総務・人事
2. JHS−2　営業・販売・小売			
2004 ⑧	販売管理費の削減	藤田金属　だぼいず2サークル	鉄鋼／営業
2005 ②	販売集計作業を効率化し迅速な情報発信をしよう	NTTドコモ　販技技サークル	通信／営業
2006 ①	インテリア商品在庫の削減	ダイエー　とんちんかんサークル	小売業／販売
2007 ①	成約率をUPさせろ！	中央ビル管理　めがぶる三人サークル	不動産管理／営業
2008 ⑧	部外品販売における処方せん単価の増加	望星薬局　彩香3ヶ月サークル	流通（医薬品）／薬局
2008 ⑪	札幌市内におけるインベスト採用活動	ジーシー　技工新製品販売促進チーム	歯科材料製造／営業
2010 ⑨	タイヤ交換作業の改善と標準化　専門店としての作業標準化取組み	ブリヂストン・リテール・関東　team 底力サークル	輸送機器部品／販売
2011 ③	全員営業!!売りにつながる電話応対の実践	シャープ　スキルキルサークル	電気機器／サービス

『QCサークル』誌掲載事例のテーマ一覧表　付　録

掲載号	テーマ名	会社・サークル名	業種／仕事内容
2012 ②	梅漬け調味料の売上高向上	原信ナルスホールディングス 抹茶ララテサークル	流通／店舗サービス
2013 ④	揚げパン分類の製造不良個数を減らそう	原信ナルスホールディングス ブーラン ジェ・オウミサークル	飲食料品小売業／パン製造販売
2013 ⑩	食彩館選!!おすすめ味噌の売上を上げよう	セイブ 花見月サークル	飲食料品小売業／販売
2014 ⑨	食料品売り場のレジにおけるお客様の混雑回数低減－お客様を3人以上お待たせしない－	トヨタ生活協同組合 モロモロガールズサークル	流通／販売（レジ）
2014 ⑩	営業アシスタント業務における残業時間の削減	メイドー traitor サークル	輸送機器部品製造／営業事務
2015 ⑥	「鳥モモ肉」におけるドリップによる回収商品撲減	トヨタ生活協同組合 ブッチャーズサークル	協同組合／流通・小売
2015 ⑦	恵方巻販売本数10,000本にチャレンジ!	アクシアル リテイリング つぶあんサークル	流通／商品製造・小売
3. JHS－3 サービス			
2000 ③	お客様貸出し傘の返却率アップ	ジェイアール東海ホテルズ V10サークル	サービス／接客
2002 ⑦	かけはし率（幸せ率）を高めよう	スマイルスタッフ ほほえみサークル	人材派遣業／サービス
2002 ⑪	若園店の生鮮トレー回収率アップ	トヨタ生活協同組合 トレー to トレーサークル	輸送用機器製造／サービス
2004 ②	お客様の視点に立ったサービス改善	日本郵政公社 オシントランスチーム	金融／サービス
2004 ⑨	温水器の不良申し出に対する直営応急処置範囲を拡大させる	関西電力 Q迷オアシスサークル	電力／顧客サービス
2005 ②	お客さまへの案内の説明時間を短縮しよう!!	東日本旅客鉄道 キャロクラブサークル	旅客輸送／窓口業務

掲載号	テーマ名	会社・サークル名	業種／仕事内容
2005 ⑨	受付担当のお客さま印象度の向上	関西電力 コンフィデンスサークル	電力／サービス
2006 ③	福利厚生の利用満足度の向上	タカノ 人人人サークル	生活機器／開発
2007 ④	遺失物取扱いの迅速化 お客様に遺失物を早く引き渡す	東日本旅客鉄道 スイートポテトサークル	鉄道／駅運営
2007 ⑪	「あるべき型」が当たり前にできる人づくり	がんこフードサービス 三ジャニークラブサークル	飲食提供／調理
2008 ⑨	新外山食堂におけるうどんのあつあつの提供！	トヨタ生活協同組合外山食堂 NEW アットマウンテンサークル	協同組合／飲食サービス
2010 ①	トイレットペーパーの品質低下をなくそう	セントラルメンテナンス ステップ＆ステップサークル	旅客輸送／保守
2011 ⑦	予防保全作業の標準化大作戦 オンコール作業件数の削減	日立ハイテクフィールディング 三度漬け禁止サークル	電気機器／サービス
2012 ⑤	「NTT病院」人間ドック利用者様のご不便をなくす	東海旅客鉄道 丹那会サークル	鉄道／駅構内サービス
2012 ⑨	パフォーマンス改善による生産性向上とCSの向上	TMJ 湘南・逆境バインサークル	専門サービス／コールセンター
2013 ②	遠隔監視月報をよりタイムリーに全てのお客さまへ！〜遠隔監視サービスにおけるリードタイム短縮と提供先拡大〜	三菱重工業 Customer Delight 目指し隊サークル	産業機器製造／技術サービス
2013 ③	葬儀協花不揃いの手直し工数削減	トヨタ生活協同組合 花より団子サークル	総合サービス業／葬祭サービス
2013 ⑪	予防的アプローチ〜松山運転所におけるヒューマンエラーの削減〜	四国旅客鉄道 絆サークル	鉄道業／運転サービス

◆『QCサークル』誌掲載事例のテーマ一覧表　付　録

掲載号	テーマ名	会社・サークル名	業種／仕事内容
4. 物流			
2003 ④	ベア FPC 出荷梱包の効率化	東北フジクラ　IKIDORI サークル	電子部品製造／業務
2008 ④	ヤード内での外来トレーラーによる長人レーン間違い防止	ダイトーコーポレーション　安全小委員会サークル	運送／事務
2009 ⑨	パレネット社製レンタルパレット検数誤差の削減	日産自動車　エンドレスサークル	輸送機器／物流サービス
2010 ⑫	「部品発送業務におけるコスト軽減」を目指して！	トヨタエンタプライズ　B級グルメサークル	輸送機器／物流
2012 ⑦	用品梱包場の人による慢性化不良の低減	トヨタ自動車九州　すごろくサークル	輸送機器／資材梱包
2012 ⑩	～感性の高い安全人間を目指して～構内部品反照射車のキズ0件へ挑戦	トヨタ自動車　安全マンサークル	輸送機器／物流
2013 ⑪	スクーター用タイヤの入庫～出庫までの作業標準化と更なる改善～ラベル貼付作業時間短縮と軽労化～	ブリヂストン物流　パンダチーム	輸送機器部品製造／物流
2014 ②	グローバル物流に対応した一気通貫箱の開発～仕入先からお客様まで～	デンソー　わく・ワークサークル	輸送用機器部品製造／物流
5. 医療			
2000 ⑤	助勤技術レベルの向上	関西電力病院　あじさいサークル	医療／看護
2000 ⑧	急用で看護師が休んだ時にも業務を支障なく行うには	日産自動車追浜工場診療所　サーティーンポットサークル	診療所・事務
2001 ⑪	生活習慣病予備軍者の低減	岡崎市医師会公衆衛生センター　CANDY サークル	医療サービス
	MRI 検査における撮り直し画像の撲滅		

121

掲載号	テーマ名	会社・サークル名	業種／仕事内容
2003 ⑤	ヒヤリ・ハットレポートで提出された透析業務におけるミスを減少させよう	東名厚木病院 透析屋 Revolution Ⅵ サークル	病院／設備保全
2003 ⑦	心電図検査を患者さまに気持ち良く受けていただこう	三枚野病院 しちりんサークル	病院／臨床検査
2003 ⑪	看取りケアを目指して、排泄に関するナースコール削減	栃木県済生会宇都宮病院 骨 MITSUKO サークル	病院／看護
2004 ⑩	乳幼児座位撮影をスムーズに行う	宝生会 PL 病院 αサークル	医療／臨床検査
2004 ⑪	血液像検査における目視率の低減	岡崎市医師会公衆衛生センター ラボラトリーサークル	医療サービス／臨床検査
2005 ⑪	点滴中の患者様が安全に移動できるようにしよう	三枚野病院 トトロサークル	病院／看護
2006 ③	採血室における待ち時間の短縮	成田赤十字病院 科内安全サークル	医療／外来
2006 ⑦	地震災害時における患者様の命の危険度の低減	水島中央病院 スプーンサークル	医療／手術室
2007 ⑥	オムツ交換時間を短縮しよう！	佐久総合病院美里分院 オムツレンジャー 美里サークル	医療機関／介護
2008 ⑪	迷っている患者様を減らそう!!	豊見城中央病院 オレンジパワーサークル	医療／事務
2009 ②	ベビー室の捨てるミルクを減らそう	静岡県立総合病院 病棟お直し隊サークル	病院／看護
2009 ⑥	X 線撮影における背中にカセッテを出し入れする時の「痛い度」の低減	水島中央病院 トンボサークル	医療／検査
2010 ③	内視鏡検査における待ち時間の短縮	フジ虎ノ門整形外科病院 健康ナビキャッツサークル	病院／看護
2010 ⑨	手術室における、患者様へ術前訪問できない率の減少	静岡県立総合病院 世界のツェニマイサークル	病院／看護

◆『QCサークル』誌掲載事例のテーマ一覧表　付　録

掲載号	テーマ名	会社・サークル名	業種/仕事内容
2013 ⑥	モーションセンサーラームにおける無効なアラーム回数の低減～オオカミ少年よサヨウナラ～	水島中央病院　ナンダカンダサークル	医療業/看護
2014 ⑥	手術室におけるナースの記録業務削減	海老名総合病院　シールはもういらない！サークル	社会福祉/看護
6. 介護・福祉			
2006 ⑪	就寝時における子どもたちの満足度の向上	宇都宮乳児院　すみれと薔薇サークル	福祉/保育
2007 ⑨	ご利用者様の水分不足を解消しよう ～体調を健やかに保っていただくために～	みどりヶ丘介護老人保健施設　野田姉妹サークル	医療法人/介護
2007 ⑪	転倒事故を減らそう	リリックケアセンター　続・にこにこサークル	福祉法人/介護
2009 ④	持ち物の入れ間違いをなくそう	至誠あずま保育園　チェリー＆ピーチサークル	社会福祉/保育所
2011 ②	みんなの行き場をつくろう！自立訓練利用期間終了者の行き場がない	舞鶴市障害者生活支援センター　つぼさサークル	社会福祉/障害者福祉
2011 ④	森君とメンバーの成長日記　型替え時間短縮	こじま福祉会身体障がい者福祉工場　すずらんサークル	社会福祉/製造
2014 ⑪	歩行中のつまずきによる転倒骨折を減らそう	東海寿寿園　こつこつYO！サークル	福祉サービス/介護サービス提供
7. 開発・設計・生産技術			
2000 ⑨	クランクシャフト用鋳型砂の最適化	マツダ　FCサークル	輸送機器/技術
2003 ⑤	治具設計工数の低減	富士ゼロックス　モルモットサークル	一般機械器具製造/設備
2006 ①	新たな高地排気スモーク評価試験への挑戦	トヨタ自動車　みなくるサークル	輸送機器/開発
2007 ②	カローラ フロントアクスル振れ不具合の撲滅	トヨタ自動車　なぜなぜサークル	輸送機器製造/生産技術

掲載号	テーマ名	会社・サークル名	業種／仕事内容
2007 ⑧	ハブホイール切粉からみによるフランジA面振れ不良の撲滅	日産自動車　マジックアイサークル	輸送機器製造／生産技術
2007 ⑫	多様な市場要求への設計対応力の向上	住友建機製造　新対応用機サークル	建築機器製造／設計・開発
2008 ⑫	ステアリングオフセンターお客様満足度の向上	トヨタ自動車　チェッカーズサークル	輸送機器製造／検査・生産技術
2009 ③	MITコート層の剥がれ不良品撲滅	トヨタ自動車　ポラリスサークル	輸送機器／設計・開発
2009 ⑥	歯車加工用カッター研削合格率100%に向けて	アイシン・エイ・ダブリュ　Rootsサークル	輸送機器部品／生産技術
2012 ②	環境業務における成分調査の工数低減	大和化成工業　コンパウンドサークル	プラスチック製品／開発
2014 ⑩	横風に負けない新技術開発に貢献！〜流線撮影技術の進化に挑戦〜	トヨタ自動車　スカイジャンパーサークル	輸送用機器製造／研究開発
2015 ①	構成管理業務の徹底的なムダ取り　〜全員でチャレンジした業務課工数20%改善の取組み〜	富士ゼロックスマニュファクチャリング　Bill of Materalずサークル	精密機器製造／設計
2015 ④	プログラム屋の殻を破れ　〜印字不具合の撲滅〜	トヨタ自動車　SS工房サークル	輸送機器製造／情報システム開発
8. 品質保証・検査・試験			
2002 ②	レーダーアンテナ・ラップ試験の改善	航空自衛隊　パワーズ2000サークル	行政機関／試験
2003 ④	Z10車リヤルーフサイドきしみ音の撲滅	日産自動車　クリニックサークル	輸送機器製造／試験
2004 ①	ハブシンクロにおけるスプライン部圧痕不良の撲滅	ジヤトコ　スッポンサークル	輸送機器製造／検査
2004 ⑥	職場内　難姿教作業の撲滅	マツダ　フィッシングサークル	輸送機器製造／試作・評価
2004 ⑨	新幹線分岐器の乗り心地レベルを低減する	東海旅客鉄道　宇宙企画サークル	旅客輸送／保守・検査

『QCサークル』誌掲載事例のテーマ一覧表　付　録

掲載号	テーマ名	会社・サークル名	業種/仕事内容
2005 ④	ATシフト操作音の合わせ評価法確立による開発費削減	日産自動車　ザ・トップフレッシャーズサークル	輸送機器／試験
2005 ⑨	QRエンジン シリンダーヘッド ポートリーク NGのゼロ化	日産自動車　Q-UPサークル	輸送機器／品質保証
2007 ⑩	登坂路停止性実験、評価手法の構築	日産車体　もにたくんサークル	輸送機器製造／試作評価
2008 ⑦	セレナヘッドライニングデュアルロッド剥がれの撲滅	日産車体　燃ゆるサークル	輸送機器製造／資材検査
2009 ①	将来ディーゼル車への課題へ挑戦！燃料噴射量新計測方法の確立	トヨタ自動車　グランドスラムサークル	輸送機器／試験
2010 ⑥	お客様視点による新製品評価　目指そう！お客様の声の代弁者	TOTO　出荷・評価サークル	衛生機器／検査
2010 ⑪	真犯人を探せ！オーバーフェンダー（O/F）キズ撲滅	日野自動車　若葉サークル	輸送機器／検査
2011 ⑩	排気管溶接における手直し作業の撲滅	トヨタエンタプライズ　エミッションｓ̀S11サークル	輸送機器／試験
2013 ⑫	不良返品の削減　〜AN15後工程誤判定による返品の削減〜	アーレスティ　コエンザイムQⅢサークル	輸送機器部品製造／検査
2014 ①	A車 Aピラー軋み撲滅	日産車体九州　H・Gサークル	輸送用機器製造／検査
2014 ①	「ローター測定」やり直し作業撲滅への挑戦！〜正確な測定方法を目指して〜	アイシン精機　CATサークル	輸送用機器部品製造／検査
2014 ⑫	海外新法規を先取りした、キャブ強度の新たな試験方法の確立	日野自動車　インパクトサークル	輸送機器製造／試験・評価
2015 ③	分析作業手順書使用の活性化　〜紙からの脱却！タブレット化で活きた手順書に〜	コーセー　空ら風サークル	化粧品製造／検査

125

9. 製造－1 鉄鋼・化学・食品・その他

掲載号	テーマ名	会社・サークル名	業種／仕事内容
2000 ⑥	No.8ライン工程不良の低減 Part.I サブテーマ：DEWA（乳液用容器）容器不良率の低減	コーセー　ジャンピングサークル	化学／製造
2000 ⑩	シール機製品送り不具合解消	中央化学　たけのこサークル	化学／製造
2001 ③	みんなで取り組んだおいしくて健康なワインづくり ―病果率の低減―	サントリー　コスモスサークル	酒類製造
2001 ⑦	どら焼き焼成ロスの削減	三星　レモンサークル	食品製造
2004 ④	ヤクルト充填機の破損容器発生をなくしたい	ヤクルト　スリーEサークル	乳製品製造／製造
2004 ⑩	HC外装工程におけるシート搬送部調整時間の削減	コニカミノルタエムジー　ドレミサークル	精密機器製造／製造
2005 ③	塗装機常席時における安全措置と職場安全モデルの確立	シマブンコーポレーション　3SBサークル	鉄鋼／製造
2006 ④	高熱地下作業からの脱出　炉修作業時間短縮への取組み	愛知製鋼　チャレンジサークル	鉄鋼／製造
2007 ①	写真フィルム塗布液供給作業における塗布液最終釜残量の削減	コニカミノルタエムジー　計器室サークル	精密機器製造／製造
2008 ⑧	セメントフジⅠ包装工程における製造リードタイムの短縮	ジーシー　セメント工程改善プロジェクトチーム	歯科材料製造／製造
2008 ⑧	目指せ！マスクレス!!前排出採取作業における感光材飛散量のゼロ化	コニカミノルタエムジー　一年生サークル	光学材料製造／製造
2009 ④	調味液の大幅削減に挑戦しよう	山一商事　調味サークル	食料品製造／製造
2011 ⑧	「KD外装工程におけるチョコ停件数の削減」女性たちによるクエスチョン？活動	コニカミノルタ総合サービス　TEAM和（なごみ）サークル	化学／製造

『QC サークル』誌掲載事例のテーマ一覧表　付　録

掲載号	テーマ名	会社・サークル名	業種／仕事内容
2011 ⑨	U−6 塗布工程におけるファウンデン汚れ発生作数の撲滅	コニカミノルタエムジー　ちえのわサークル	化学／製造
2011 ⑪	未然防止〜処置ミスへの誘発ゼロ〜「感光液製造工程における重量エラーの撲滅」	コニカミノルタエムジー　パルスレートサークル	化学／製造
2014 ④	RFCC 装置　産廃処理費用削減への挑戦!!	出光興産　サンビラー軍団サークル	製油
2015 ⑤	「現場への一歩」3CC 冷却ノズルづまり「ゼロ」鋳片ひび割れ撲滅	愛知製鋼　チャレンジ CC83 サークル	鉄鋼製造／鋳片製造
10. 製造 − 2　加工・組立			
2000 ①	フロントフェンダー NC データ作成工数の低減	日産自動車　エレメントサークル	輸送機器／製造
2000 ④	ワイパー性能（降雪）試験時疲労度低減	ダイハツ工業　フキマキサークル	輸送機器／製造
2000 ⑪	パターニング工程薬品使用金額の低減	富士電機　アルファホーンサークル	電機／製造
2002 ①	A 車種整形天井折れ不具合撲滅　—設備要因のみらった不具合撲滅	豊田紡織　スーパードライサークル	輸送機器製造／製造
2002 ③	極限をねらった多品種少量生産スペースの低減	富士ゼロックス　コロンボサークル	事務用機器製造／製造
2003 ③	設備チョコ停回数の低減	ダイヤモンド電機　かいぜん君サークル	電子機器製造／製造
2003 ⑧	ボールマウント装置切替え時間の短縮	東北エプソン　ダッシュチーターサークル	電子機器製造／製造
2003 ⑩	2.5ℓ エンジン　クランクシャフト曲がり不良の低減	日産自動車　なすはなサークル	輸送機器製造／製造
2004 ⑤	歯車切削盤の段取り時間削減への挑戦！	日野自動車　KAIZEN サークル	輸送機器製造／製造
2005 ⑥	ドアアウター塗装不良"0"への挑戦	小島プレス工業　NEW サークル	輸送機器部品／製造
2005 ⑦	プロボックス・サクシード　フード外観不具合流出防止活動	ダイハツ工業　赤石サークル	輸送機器／製造

掲載号	テーマ名	会社・サークル名	業種／仕事内容
2006 ③	J型コネクターレーザー溶接機取出しミスの撲滅	日立製作所オートモティブシステムグループ 桃太郎サークル	電気機器／製造
2006 ⑧	リードタイム短縮活動 ベアリングカバー手直しゼロ活動	マツダ 黄金橋の鍛冶屋サークル	輸送機器／製造
2006 ⑧	YDヘッドラインT1039タッチセンサー異常の撲滅	日産自動車 文殊の知恵サークル	輸送機器／製造
2007 ⑧	指の痛みをなくそう！樋口さんの困りごと改善	小島プレス工業 ゼロ・ワンサークル	機械部品製造／製造
2007 ⑧	F型フューエルインジェクタ流量工程のキズ、打痕の撲滅	日立製作所オートモティブシステムグループ Qタローサークル	輸送機器部品製造／製造
2007 ⑪	ターミナル溶接高さ不良０への挑戦 3組2交替職場のチャレンジ０活動	デンソー SM Heartsサークル	輸送機器部品製造／製造
2008 ③	みんなのアイデアを形に！！シリンダブロックの砂噛み不具合解消	日野自動車 情熱サークル	輸送機器製造／製造
2008 ⑫	J9テーピング機 電気特性検査 中点不良誤検出の撲滅	パナソニック エレクトロニックデバイスジャパン 遊びにおいでよピヨコ隊サークル	電子部品製造／製造
2009 ④	技能の標準化 女性にも"やさしい"作業標準を目指して	ブリヂストン コードC班サークル	輸送機器製造／製造
2009 ⑥	シャフト加工におけるショット玉使用量の削減	ジャイトロ ショットマンサークル	輸送機器部品／製造
2009 ⑦	新商品「座ってラクラク水栓」組立時間の短縮	TOTO 埋込サーモショップサークル	衛生機器／製造
2009 ⑦	ムダ毛撲滅作戦！フェルトカス付着不良の撲滅	スズモ グッドバイサークル	輸送機器部品／製造
2009 ⑨	SFLSシリーズにおける段取り替え工数の低減	コーセル シーサーサークル	電気機器／製造
2009 ⑪	油圧ショベル組立工程における組立3悪の撲滅!!	住友建機 ゴールドメットサークル	建設機器／製造
2010 ⑧	ショット玉残りクレーム "ゼロ" への挑戦	アーレスティ I.Z.安っ!?サークル	輸送機器部品／製造

『QCサークル』誌掲載事例のテーマ一覧表　付　録

掲載号	テーマ名	会社・サークル名	業種/仕事内容
2010 ⑨	いきいきと働ける職場を目指して　1工程作業のつらさ54％低減	トヨタ自動車　スーパーサブⅡサークル	輸送機器/製造
2011 ⑦	GN段取り時間の短縮　～バックテーパ調整時間削減編～	オーエスジー　ねじサークル	機械部品/製造
2012 ④	トナーカートリッジリユースにおける洗浄条件最適化	富士ゼロックスマニュファクチュアリング　くるくるサークル	事務用機械/製造
2012 ④	ステンレス材の金物溶接における検査不良率の低減に挑戦	三菱重工業　劇的大改造ビフォーアフターサークル	造船/製造
2012 ⑥	「無くそう！ムダな仕事」横型成形2号機誤品混入防止	愛三工業　MIMサークル	輸送機器部品/製造
2012 ⑦	お客様の要求納期にこたえよう！　遵守率95％を目指して	山菱テクニカ　ビッグバーンサークル	電気機器/製造
2013 ⑤	LOVE・EARTH　地球のためにできること～加工設備の廃液量低減！	トヨタ自動車九州　クリリーンサークル	輸送機器製造/製造
2013 ⑨	工程内不良"0"への挑戦　『手挿入工程の手直し発生件数の低減』	TOTO　ハイジサークル	生活関連機器製造/製造
2013 ⑨	大型エンジン組立ラインにおける内部締付不具合の撲滅	日野自動車　Vサークル	輸送機器製造/組立
2013 ⑩	水平継手面加工　作業時間短縮への挑戦	東芝　BM-KINGサークル	重電機器製造/製造
2014 ⑤	もう消しゴムは捨てない！～消しゴム不良廃棄量の低減～	ぺんてる　ハイパーイレーザーズサークル	消費財製造/製造
2014 ⑤	トナー梱包工程におけるタクトタイムの短縮	コニカミノルタサプライズ関西　イノベーションブルーサークル	精密機器製造/製造

129

掲載号	テーマ名	会社・サークル名	業種／仕事内容
2014 ⑫	M124ロボット組立工数の低減～気づき活動の成果～お客様事情 "ゼロ" 継続への挑戦	安川マニュファクチュアリングきゅうサークル	産業機器製造／製造
2015 ①	「目に見える異物」半減へのチャレンジ～美しいリーンルームづくりと現地現物での異物半減～	デンソー岩手 Team・Qサークル	輸送機器部品製造／製造
2015 ④	「溶接作業者の手を止めるな！」～部品欠品『ゼロ』への挑戦～	共和産業 カッパーズサークル	建設機械部品製造／製造
2015 ⑨	～今やらなきゃいつやるの!?～ 搬送工程 異常『0』への挑戦	トヨタ紡織 はまちサークル	輸送機器部品製造／製造
11. 設備管理・保全			
2000 ⑨	リサイクル作業における不安全作業(手や腕の痛み)をなくす	コニカ総合サービス サボテンサークル	精密機器／保全
2002 ⑤	応荷重装置の洗浄作業時間を短縮する	東海旅客鉄道 CSトッパーズサークル	鉄道業／保全
2002 ⑧	光ケーブル工事の作業性向上への挑戦	関西電力 人力車サークル	電気業／保全
2003 ⑥	小物搬送設備の停止時間低減	富士ゼロックス ゼロケンサークル	一般機械器具製造／設備
2003 ⑨	カラスの巣をスムーズに除去するには	関西電力 カメレオンサークル	電力／設備
2003 ⑪	ボイラ薬注ポンプにおける薬品漏れの撲滅	トヨタ自動車北海道 エネルギーマンサークル	輸送機器製造／設備
2004 ①	RF-4ファントム偵察機 APUエア・ブリード作業の改善	航空自衛隊 アブラウリサークル	行政機関／整備
2004 ③	電子ビーム溶接機 速度ロス削減による生産性向上	マツダ 山根サークル	輸送機器製造／設備保全
2004 ⑦	コンプレッサ電力ロス削減への挑戦	神戸製鋼所 アクティブパワーサークル	鉄鋼／設備保全
2005 ⑤	FOMA工事の安全性向上とコスト削減	ドコモエンジニアリング九州 ザ・建築業サークル	通信／設備工事

『QCサークル』誌掲載事例のテーマ一覧表　付　録

掲載号	テーマ名	会社・サークル名	業種／仕事内容
2006 ⑪	新たな排砂ゲート取替方法への挑戦―仮止水工事費の削減	関西電力　パフォーマンスサークル	電力／設備保守
2008 ⑤	緊急時における電気転てつ機扛上の迅速化	四国旅客鉄道　くるしま会サークル	鉄道／保守
2009 ①	ボイラー設備における栃木工場のCO_2削減活動	日産自動車　竹の子サークル	輸送機器／設備保全
2010 ②	下薪井ダムから排出する塵芥の軽減をはかる	関西電力　土建＆アラレガコ合同サークル	電力／設備保守
2010 ③	水処理場砂濾過塔圧力異常撲滅による環境事故未然防止	日産自動車　グリーンペレーサークル	輸送機器／設備
2011 ⑩	水溶性廃油、処理費用の削減	IHIエアロスペース　電電虫サークル	輸送機器／保守
2011 ⑩	WN緊締作業の緊締ミス回数を低減する	東海旅客鉄道　ブレーキエイトサークル	旅客輸送／保守
2012 ①	ゲリラ豪雨に負けない総合排水処理場を目指して	トヨタ自動車　アクツアサークル	輸送機器／保全
2013 ③	地震時における構内の巡回点検時間を短縮しよう	東海旅客鉄道　想像のひろばサークル	鉄道業／設備保全
2013 ④	インパータ局所噴流はんだ付け着不良ゼロへの挑戦！	デンソー　ひまわりサークル	輸送機器部品製造／設備保全
2015 ⑨	FITTING #60工程　R602E車　上ヒンジ浮きによる締付異常の撲滅	日産車体エンジニアリング　MTTサークル	輸送機器関連設備製造／設備保守・点検
2015 ⑫	整備記業務における記録ミス要因の撲滅	航空自衛隊　エンジンEVOLUTIONサークル	行政機関／航空自衛隊飛行教育団

参考・引用文献

1) 杉浦 忠・山田佳明,『QC サークルのための QC ストーリー入門』,日科技連出版社,1991 年.
2) 狩野紀昭 監修,QC サークル京浜地区 JHS 研究会 編,『QC サークルのための課題達成型 QC ストーリー』,日科技連出版社,1993 年.
3) 細谷克也 編著,『すぐわかる問題解決法』,日科技連出版社,2000 年.
4) 山田佳明 編著,『QC 手法の基本と活用』,日科技連出版社,2010 年.
5) 山田佳明 編著,『QC ストーリーの基本と活用』,日科技連出版社,2012 年.
6) 長田洋 編著,QC サークル関東支部編,『QC サークルにおける改善のベストプラクティス』,日科技連出版社,2013 年.
7) QC サークル関東支部京浜地区編,「私の悩み…テーマ~テーマ選びの悩み,援助します~」,1988 年.
8) QC サークル関東支部京浜地区編,「21 世紀に対応 QC サークル Q&A 集」,2004 年.
9) 「特集 テーマについての悩みごと "痛い""つらい"はテーマにならない??」,『QC サークル』,No.551,2007 年.
10) 「特集 新しいテーマに挑戦しよう!」,『QC サークル』,日本科学技術連盟,No.594,2011 年.
11) 「特集 事務・販売・サービス部門における業務改善の工夫-知恵の出し方・活かし方」,『QC サークル』,日本科学技術連盟,No.611,2012 年.
12) 「特集 未然防止型 QC ストーリーを使いこなそう」,『QC サークル』,日本科学技術連盟,No.647,2015 年.
13) 「JSQC-Std 31-001:2015 小集団改善活動の指針」,日本品質管理学会,2015 年.

索　引

【英数字】

3ム　49, 108
　　——チェックリスト　108
4M　23, 49
5M + 1I　106
　　——チェックリスト　106
5S　21
KAIZEN　2
PDCAのサイクル　4
QCDSME　23
QCサークル　8
QCサークル活動　7
　　——の基本理念　9
QCストーリー　33
　　——の4つの型と選択　44, 64
SDCAのサイクル　3

【あ】

アクティブ・ミーティング　67
　　——の進め方　68

【か】

改善　2
　　——の3つのレベル　30
　　——の4つの型　34
　　——の意味と意義　2
　　——の基本骨格　32

改善活動　7
課題　12
　　——とは　12
　　——の対処領域　26
課題達成型QCストーリー　33, 35
　　——の基本骨格　37
　　——のステップと実施内容　38
機械　49
キャッチボールシート　66
　　——の例　67
現状維持の活動　3
現状把握後のQCストーリーの見直し　44
工程マップ　14

【さ】

材料　49
サブテーマ　63
　　——の使い方　63
支援者の役割　65
施策実行型QCストーリー　34, 37
　　——の基本骨格　39
　　——のステップと実施内容　40
上位方針　86
小集団改善活動　7
職場の6大任務　23, 24
　　——チェックリスト　104
ゼロ問題　20

索　引

増加問題　20
層別　53

【た】

対話ツール　66
チェックリスト　69
低減問題　20
テーマ選定　8
　——におけるパターンと概要　72
　——の基本手順　74
　——を進める際の実施手順とポイント
　　　48
テーマの取り上げ方の例　109, 111
テーマバンク制度　81

【な】

望ましいテーマの条件　8

【は】

人　49
評価基準　48
評価項目　48, 54
　——の例　55, 56
品質管理　5
ブレーンストーミング　52
プロジェクトチーム　8
　——とQCサークルの主な相違点
　　　8
方法　49

【ま】

マトリックス評価　57
見える化　22
　——ボード　14
未然防止型QCストーリー　34, 41
　——の基本骨格　41
　——のステップと実施内容　42
ムダ　49
ムダ取り　23
ムラ　49
ムリ　49
問題　12
　——とは　12
　——の3つのタイプ　18, 19
　——の形　21
　——の発生形態　26
　——の発生元　23
　——を層別する観点　19
問題・課題の洗い出し方　52
問題・課題の絞り込み方法　57
問題・課題の発生形態　25
問題・課題を洗い出す5つのポイント
　　　51
問題解決型QCストーリー　33, 34
　——の基本骨格　35
　——のステップと実施内容　36
問題提起シート　14

執筆担当

山田　佳明　（㈱ケイ・シー・シー，元 コマツユーティリティ㈱）
　　　　　……はじめに，第1章，第5章

須加尾　政一　（Q&SGA研究所　代表，（一財）日本科学技術連盟　嘱託）
　　　　　……第2章，第3章

松田　曉子　（日本ゼオン㈱）
　　　　　……第4章，第6章，付録（テーマ一覧表の読み方）

はじめて学ぶシリーズ
テーマ選定の基本と応用

2016年7月27日　第1刷発行

編著者　山田　佳明
著　者　須加尾　政一
　　　　松田　曉子
発行人　田中　健

検印省略

発行所　株式会社　日科技連出版社
〒151-0051　東京都渋谷区千駄ヶ谷5-15-5
　　　　　DSビル
電　話　出版　03-5379-1244
　　　　営業　03-5379-1238
印刷・製本　河北印刷株式会社

Printed in Japan

© Yoshiaki Yamada et al. 2016
URL http://www.juse-p.co.jp/

ISBN978-4-8171-9592-0

＜本書の全部または一部を無断で複写複製（コピー）することは，著作権法上での例外を除き，禁じられています．＞

はじめて学ぶシリーズ 好評発売中！
品質管理，小集団改善活動（QCサークル活動）の入門書！

QCの基本と活用
山田　佳明編著，新倉　健一，羽田　源太郎，松田　啓寿著
これから品質管理に携わる方，新入社員の方など，「QCの考え方・進め方」を初心者向けに解説した入門書です．

QC手法の基本と活用
山田　佳明編著，新倉　健一，羽田　源太郎，松田　啓寿著
QC七つ道具など，小集団改善活動でよく使われる「QC手法」の入門書です．

新QC七つ道具の基本と活用
猪原　正守著
はじめて新QC七つ道具を学ぶ方のための入門書です．

QCサークル活動の基本と進め方
山田　佳明編著，新倉　健一，羽田　源太郎，松田　啓寿著
これから小集団改善活動に取り組もうとするすべての方のための入門書です．

QCストーリーの基本と活用
山田　佳明編著，下田　敏文，新倉　健一著
これからQCストーリーを学ぶ方，小集団改善活動でもっと問題解決やまとめ・発表に自信をつけたい方のための入門書です．

日科技連出版社の図書案内はホームページでご覧いただけます．
URL　http://www.juse-p.co.jp/